理论与应用：
计算机信息技术研究

刘玉利 ◎ 著

吉林出版集团股份有限公司

图书在版编目（CIP）数据

理论与应用：计算机信息技术研究/刘玉利著.
—长春：吉林出版集团股份有限公司，2024.5
ISBN 978-7-5731-5087-5

Ⅰ.①理… Ⅱ.①刘… Ⅲ.①计算机技术—研究
Ⅳ.①TP3

中国国家版本馆 CIP 数据核字（2024）第 110455 号

理论与应用 ： 计算机信息技术研究

LILUN YU YINGYONG ： JISUANJI XINXI JISHU YANJIU

著　　者	刘玉利
责任编辑	滕　林　　王艳平
封面设计	林　吉
开　　本	710mm×1000mm　　1/16
字　　数	188 千
印　　张	15.75
版　　次	2024 年 5 月第 1 版
印　　次	2024 年 5 月第 1 次印刷

出版发行 吉林出版集团股份有限公司

电　　话 总编办：010-63109269

　　　　　 发行部：010-63109269

印　　刷 廊坊市广阳区九洲印刷厂

ISBN 978-7-5731-5087-5　　　　　　　　　　　　定价：78.00 元

前　言

　　随着科技的快速发展，计算机信息技术已成为当今社会的核心驱动力之一。它不仅塑造了我们的工作方式、生活方式，更在一定程度上定义了我们的社会结构和发展方向。在这一背景下，对计算机信息技术的研究显得尤为重要。计算机技术已渗透到社会的各个角落，不仅改变了我们的生活方式，也推动了社会的进步。从大规模数据处理、云计算、物联网、人工智能到区块链等新兴技术，每一项革新都在不断地扩展计算机信息技术的边界。

　　首先，我们将关注计算机硬件和软件技术的最新进展，特别是在处理速度、存储容量、能效比等关键指标上的突破。其次，我们将探讨大数据和云计算如何重塑企业的运营模式和社会的信息流通方式。此外，物联网技术的发展将如何使物理世界与数字世界更加紧密地结合，以及人工智能和机器学习如何为人类提供更为智能和高效的服务，也是本研究的重要议题。

　　同时，我们也不能忽视信息安全和隐私保护在信息技术发展中的重要地位。随着技术的进步，如何确保数据的安全性和用户的隐私已成为一个迫切需要解决的问题。因此，本研究还将对现有的安全策略和隐私保护技术进行深入的探讨和分析。

　　通过本书研究，我们期望能够为计算机信息技术的研究者和从业者提供有价值的参考，为信息技术领域的发展提供理论支持和实践指导。

刘玉利

2024 年 2 月

目　录

第一章 "互联网+"时代计算机信息基础知识

第一节 信息技术与信息系统

随着时代的发展，信息技术和信息系统的概念被赋予了更广泛的意义。它们在社会发展和经济发展中的重要地位不断提升，人们对它们的依赖也越来越明显，与信息技术和信息系统相关的研究也越来越多。

一、信息技术概述

（一）现代信息论的诞生

现代信息论作为真正意义上的一门学科，是从 1924 年奈奎斯特解释了信号带宽和信息率之间的关系，以及 1928 年哈脱莱引入了非统计《等概率事件》信息论概念的工作开始的。直到 1948 年美国数学家香农发表了《通信理论中的数学原理》和《在噪声中的通信》两篇著名论文，讨论了信源和信道特性，提出了概率信息的概念、信息熵的数学公式，指出了用降低传输速度来换取高保真通信的可能性等几个重要结论，系统地概述了通信的基本问题，由此奠定了现代信息论的基础。

20 世纪 50 年代控制论奠基人维纳和卡尔曼推出的维纳滤波理论与卡尔曼

滤波理论，以及 20 世纪 70 年代凯纳思等人提出的信息过程理论，是现代信息论的重大发展。

1961 年，香农发表的论文《双路通信信道》拓宽了多用户理论的研究领域，该理论随着卫星通信、计算机通信网络的迅速发展取得了许多突破性的进展。

随后 50 多年，信息理论与技术无论在基本理论方面还是实际应用方面，都取得了巨大的进展。在香农理论基础上给出的最佳噪声通信系统模型，近年来正在成为现实，这就是伪噪声编码通信系统的迅速发展和实际应用。在噪声中对信号过滤与检测基础上发展起来的信号检测理论和在抗干扰编码基础上发展起来的编码理论已成为近代信息论的两个重要分支。

简尼斯提出的最大熵原理和库尔拜克提出的最小鉴别信息原理，为功率谱估计等应用提供了理论依据。研究者们还相继展开了模糊信息、相对信息、主管信息、智能信息处理以及自动化信息控制等大量崭新的课题研究，使信息理论的面貌为之一新，并大大促进了信息科学的发展。

现在，信息理论与技术不仅直接应用于通信、计算机和自动控制等领域，还广泛渗透到生物学、医学、语言学、社会学和经济学等领域。特别是通信技术与微电子、光电子、计算机技术等方向的结合，使现代通信技术的发展充满生机和活力。

（二）数据与信息

数据是用符号表示的客观事实、概念和事件，其形式通常有三种：数值型数据——用于定量记录的符号，如质量、成绩、年龄等；字符型数据——用于定性记录的符号，如姓名、专业、住址等；特殊型数据，如声音、图像、视频等。到目前为止，现代计算机中这些数据都以二进制的形式进行存储。

信息是指存在于客观世界的一种事物形象，它以文本、声音、图像等数据作为载体，是数据中所体现的有用的有意义的内容。信息论奠基人香农描述信息是"用来消除不确定性的东西"，控制论奠基人维纳认为信息是区别于物质和能量的第三类资源。

信息和数据既相互联系又相互区别，数据是信息的载体，信息是数据所表现出的具体内容，数据是具体的符号，信息是抽象的含义。如果数据不具有知识性和有用性，则不能称为信息。数据只有经过加工处理，具有知识性并对人类活动产生决策作用后才形成信息。

信息是客观事物运动状态和存在方式的反映，具有时效性、可传递性、共享性、客观性、可再现性、可加工性、可存储性等特点。

（1）信息的时效性。信息往往反映事物在某一时刻的状态，它具有一定的时间性和效用性，超过某一时间段，信息就会失去效用。

（2）信息的可传递性。可传递性是信息的本质特征。当信源发出信息后，利用通信信道，可将信息传递给信宿（通信终端）。利用信道传递信息的过程就称为信息的可传递性。

（3）信息的共享性。信息与物质和能量的一个重要区别就是共享性。物质交流中，一方得到的正是另一方所失去的；信息交流中，一方得到新的信息，而另一方并无所失，双方或多方可共享信息资源。它也体现了信息资源的重要性。

（4）信息的客观性。信息是客观世界中事物变化和状态变化的反映，而事物及其状态的变化是不以人们意志的转移而转移的，它是客观存在的，因此信息也具有客观性。正是由于信息具有客观性，才使得它具有普遍价值。

（5）信息的可再现性。信息的可再现性包括两方面的含义：一是信息作为客观事物的反映，它为人们所接受、认识的过程，也是客观事物的再现过程；二是信息的内容可以物化在不同的载体上，传递过程中经由载体的变化而再现相同的内容。

（6）信息的可加工性。客观世界存在的信息是大量的、多种多样的，人们对信息的需求往往具有一定的选择性。为了更好地开发和利用信息，需要对大量的信息用科学的方法进行筛选、分类、整理、概括和归纳，使它精炼浓缩，排除无用信息，选取自己需要的信息。信息还具有可变换性，它可以从一种状态变换为另一种状态，如物质信息可转换为语言、文字、数据和图像等形式，也可以转换为计算机语言、电信号等。信息可以通过一定的手段进行处理，如扩充、压缩分解、综合、抽取、排序、决策、创造等。

（7）信息的可存储性。信息可以用不同的方式存储在不同的介质上。人类发明的文字、摄影、录音、录像，各式各样的存储器等都可以进行信息存储。

（三）信息技术的定义

信息技术因其使用的目的、范围和层次的不同而有着不同的表述。从广义上讲，凡是能够扩展和延长人的信息器官（包括感觉器官、传导神经网络、思维器官、效应器官）功能的技术都称为信息技术。狭义上讲，信息技术就是指利用计算机实现信息的获取、加工、存储、检索、传播等功能的技术总称。

最基本、最重要的信息技术包括传感器技术、通信技术、智能技术、控制技术等。传感器技术实际上代替的是人的感觉器官，它可以将物理信号转换为电信号，这个过程实现了信息的获取。通信技术是传导神经网络的代替，用于信息的传递。智能技术包括计算机技术、人工智能技术，它对应于人类的思维器官，用于信息的加工与再生。控制技术则是根据输入的指令信息来对外部事物做出响应，对应于人类的效应器官。

二、信息系统概述

（一）什么是信息系统

信息系统是与信息加工、信息传递、信息存储及信息利用等有关的系统。它被定义为由计算机硬件、软件、网络通信设备、信息资源、信息用户和规章制度组成的用于处理信息流的人机一体化系统。任何一类信息系统都是由信源、信道和信宿三者构成。先前的信息系统并不涉及计算机等现代技术，但是随着现代通信与计算机技术的发展，信息系统的处理能力得到很大的提高。现在各种信息系统已经离不开现代通信与计算机技术，现在所说的信息系统一般指人、机共存的系统，信息系统一般包括事务处理系统、管理信息系统、决策支持系统、专家系统和办公自动化系统。

（二）常见的信息系统

1. 事务处理系统

事务处理系统是一个帮助企业或部门处理基本业务、记录和更新所需详细数据的系统。它支持批处理数据、联机实时处理数据及联机延迟处理数据。

2. 管理信息系统

管理信息系统是从 20 世纪 60 年代发展起来的，20 世纪 80 年代后期在许多企业中掀起热潮。管理信息系统是一个由计算机及其他外围设备等组成的能进行信息的收集、传递、存储、加工、维护和使用的系统。从最早的传统

MIS（Management Information System，管理信息系统）系统，到 C/S（Client/Server，客户端 / 服务器）模式与改进的 C/S 模式，发展到现在较为流行的 B/S（Browser/Server，浏览器 / 服务器）模式，功能包括资产管理、经营管理、行政管理、生产管理和系统维护等，已经成为现代企业管理的有力工具。

3. 决策支持系统

决策支持系统是一种帮助决策者利用数据、模型和知识去解决半结构化或非结构化问题的交互式计算机系统。它最早用于财务管理，现在已应用于各种类型的企业管理中。决策支持系统能取代局部或专用管理信息系统的大部分功能，是一个较为专业化和高层次化的信息系统。

4. 专家系统

专家系统产生于 20 世纪 60 年代中期，是人工智能领域的一个重要分支。它被定义为一个具有大量专门知识的计算机智能信息系统，可以运用知识和推理技术模拟人类专家来解决各类复杂问题。

5. 办公自动化系统

办公自动化系统是一种利用计算机和网络技术，使企业员工方便快捷地共享部门信息，高效地协同工作，最终实现信息全方位的采集和处理，为企业的决策和管理提供保障的系统。它通常包含以下几个方面的功能：实现办公流程的自动化、建立信息交流平台、文档管理的自动化、知识管理平台，辅助办公，实现分布式办公。

第二节 信息在计算机中的表示

计算机可以处理各种各样的信息，包括数值、文字、图像、声音、视频等，这些信息在计算机内部都是采用二进位来表示的。

一、数值信息在计算机中的表示

数值信息指的是数学中的代数值，具有量的含义，且有正负、整数和小数之分。计算机中的数值信息分成整数和实数两大类，它们都是用二进制表示的，但表示方法有很大差别。

（一）整数的表示

整数也称定点数，不使用小数点，或者说小数点始终隐含在个位数的右边，所以整数也称为定点数。

整数又可以分为两类：不带符号的整数（也称无符号整数），这类整数一定是正整数；带符号的整数，既可表示正整数，又可表示负整数。

1.无符号整数

这类整数常用于表示地址、索引等，它们可以是 1 字节、2 字节、4 字节、8 字节甚至更多。1 字节表示的无符号整数的取值范围为 0 ~ 255（即 2^8-1），2 字节表示的无符号整数的取值范围为 0 ~ 65535（即 $2^{16}-1$）。

2.带符号整数

在计算机中，用最高位（最左边一位）来表示符号位，用 0 表示正号，用 1 表示负号，其余各位表示数值。

带符号整数的数值部分在计算机中有以下三种表示方法。

（1）原码表示法。最高位为符号位，其余位表示数值的大小，这种表示方法与日常使用的十进制表示方法一致，比较简单、直观；但是对于减法来说运算比较烦琐，不便于CPU（Central Processing Unit，中央处理器）的运算处理，而且 0 有 +0（00000000）和 −0（10000000）。

（2）反码表示法。规定正整数的反码与其原码相同；负整数的反码是除了符号位，其他数值部分由原码的每一位取反而形成。在一个字节中带符号的整数用原码或反码来表示，其取值范围为 −127（即 −2^7+1）至 127（即 2^7−1）。

（3）补码表示法。规定正整数的补码与其原码相同；负整数的补码是在其反码的末位加 1。使用补码表示法来表示数据，能够统一加法与减法的运算规则，而且用补码来表示带符号整数时，只有一个 0，所以补码比原码或反码能多表示一个数值。在一个字节中带符号整数用补码来表示，其取值范围为 −128（即 −2^7）至 127（即 2^7−1）。目前，计算机内一般采用补码的形式来表示整数。

（二）文字在计算机中的表示

1. 西文字符的编码

日常使用的书面文字是由一系列称为字符的符号所构成的。计算机中常用字符的集合称为字符集。字符集中的每一个字符在计算机中有唯一的编码（即字符的二进制编码）。

西文字符集由拉丁字母、数字、标点符号及一些特殊符号所组成。目前，国际上使用最多、最普遍的字符编码是 ASCII 字符编码。ASCII 码的全称是

American Standard Code for Information Interchange，即美国国家信息交换标准字符码。

标准 ASCII 码是 7 位的编码，可以表示 2^7=128 个不同的字符，每个字符都有其不同的 ASCII 码值，它们的编码范围是 000000B 至 111111B（00H 至 7FH）。并且，这 128 个字符共分为 2 类，分别是 96 个可打印字符（大小写字母、数字、标点符号等）和 32 个控制字符（水平制表符、删除键、回车符等）。

虽然标准 ASCII 码是 7 位的编码，但因为计算机中最基本的存储和处理单位是字节，所以一般仍以一个字节来存放一个 ASCII 字符。每个字节中多余出来的一位，在计算机内部通常置为 0，而在数据传输时用作奇偶校验位。

2.汉字的编码

汉字也是字符，与西文字符相比，汉字数量多，字形复杂，同音字多，为了能直接使用西文标准键盘输入汉字，必须为汉字设计相应的编码，以适应计算机处理汉字的需要。

（1）国标码。为了适应计算机处理汉字信息的需要，1981 年，国家标准局颁布了《信息交换用汉字编码字符集基本集》（GB 2312-1980），简称国标码，又称汉字交换码。该标准选出 6763 个常用汉字和 682 个非汉字字符，为每个字符规定了标准代码，以便在不同计算机系统中进行汉字文本的交换，GB2312-1980 由三部分组成。第一部分是字母、数字和各种符号，包括拉丁文字母、俄文、日文平假名、希腊字母、汉语拼音等共 682 个（统称为 GB 2312-1980 图形符号）；第二部分为一级常用汉字，共 3755 个，按汉语拼音排列；第三部分为二级常用汉字，共 3008 个，因不常用，所以按偏旁部首排列。

每一个 GB2312-1980 汉字使用 2 个字节（16 位）表示，每字节的最高位均为 1，这种高位均为 1 的双字节编码就称为机内码，以区别西文字符的 ASCII 码。

（2）区位码。在国标码中，所有的常用汉字和图形符号组成了一个 94 行×94 列的矩阵，每一行的行号称为区号，每一列的列号称为位号。区号和位号都由两个十进制数表示，区号编号是 01 至 94，位号编号也是 01 至 94。由区号和位号组成的 4 位十进制编码称为该汉字的区位码，其中区号在前，位号在后，并且每一个区位码对应唯一的汉字。例如，汉字"啊"的区位码是"1601"，表示汉字"啊"位于 16 区的 01 位。

（3）机内码。GB2312-1980 区位码中，区号和位号各需要七个二进位才能表示。每个汉字的区号和位号分别使用 1 字节来表示，且都从 33 开始编号（33-126），字节的最高位规定均为 1。这种高位均为 1 的双字节（16 位）汉字编码就称为 CB2312-1980 汉字的机内码，又称内码。目前计算机中 GB2312-1980 汉字的表示都是采用这种方式。

将区位码转换成国标码和机内码的方法如下：

①将十进制的区号和位号分别转换成十六进制。

②将转换成十六进制的区号和位号分别加上 20H。

③将分别加上 20H 的区号和位号组合，得到国标码。

④将国标码加上 8080H，即得机内码。

二、图像在计算机中的表示

计算机的数字图像按其生成方法可以分成两类：一类是从现实世界中通过

扫描仪、数码相机等设备获取的图像,它们称为取样图像、点阵图像或位图图像,以下简称"图像";另一类是使用计算机合成(制作)的图像,它们称为矢量图形,或简称"图形"。

(一)数字图像的获取

从现实世界中获得数字图像的过程称为图像的获取。图像获取的过程实质上是模拟信号的数字化过程,它的处理步骤大体分为四步。

(1)扫描。将图像划分为 M×N 个网格,每个网格称为一个取样点。这样,一幅模拟图像就转换为 M×N 个取样点组成的一个阵列。

(2)分色。将彩色图像取样点的颜色分解成三个基色(如 R、G、B 三基色),如果不是彩色图像(即灰度图像或黑白图像),则不必进行分色。

(3)取样。测量每个取样点每个分量的亮度值。

(4)量化。对取样点每个分量的亮度值进行 A/D(Analog / Digital,模拟 / 数字)转换,即把模拟量转换成数字量(一般是 8 位至 12 位的正整数)来表示。

通过上述方法所获取的数字图像称为取样图像,它是静止图像的数字化表示形式,通常简称为"图像"。

从现实世界获得数字图像的过程中所使用的设备通称为数字图像获取设备。这一设备的主要功能是将现实的景物输入计算机内并以取样图像的形式表示。

常用的数字图像获取设备有电视摄像机、数码摄像机、扫描仪和数码照相机。

（二）数字图像的表示

从取样图像的获取过程可以知道，一幅取样图像由 M（行）×N（列）个取样点组成，每个取样点是组成取样图像的基本单位，称为像素（简写为 px）。彩色图像的像素由多个彩色分量组成，黑白图像的像素只有一个亮度值。

取样图像在计算机中的表示方法是：单色图像用一个矩阵来表示，彩色图像用一组（一般是三个）矩阵来表示，矩阵的行数称为图像的垂直分辨率，列数称为图像的水平分辨率，矩阵中的元素是像素颜色分量的亮度值，使用整数表示，一般是 8 位至 12 位。

在计算机中存储的每一幅取样图像，除了所有的像素数据之外，还必须给出如下一些关于该图像的描述信息（属性）。

1. 图像大小

图像大小，也称为图像分辨率（包括垂直分辨率和水平分辨率）。若图像大小为 400×300，则它在 800×600 分辨率的屏幕上以 100% 的比例显示时，只占屏幕的 1/4，若图像超过了屏幕（或窗口）大小，则屏幕（或窗口）只显示图像的一部分，用户需操纵滚动条才能看到全部图像。

2. 颜色空间的类型

颜色空间的类型，指彩色图像所使用的颜色描述方法，也称为颜色模型。

RGB（红、绿、蓝）模型、CMYK（青、品红、黄、黑）模型，在显示器中使用。

HSV（色彩、饱和度、亮度）模型，在彩色打印机中使用。

YUV（亮度、色差）模型，在彩色电视信号传输时使用。

HSB（色彩、饱和度、亮度）模型，在用户界面中使用。

从理论上讲，这些颜色模型都可以相互转换。

3.像素深度

像素深度，即像素的所有颜色分量的二进位数之和，它决定了不同颜色（亮度）的最大数目。

4.位平面数目

位平面数目，即像素的颜色分量的数目。黑白或灰度图像只有一个位平面，彩色图像有三个或更多的位平面。

BMP 是 Windows 操作系统中的标准图像文件格式，使用非常广。它采用位映射存储格式，除了图像深度可选以外，不采用其他任何压缩。因此，在 Windows 环境中运行的图形图像软件都支持 BMP 图像格式。

TIF/TIFF 图像文件格式是一种灵活的位图格式，主要用来存储包括照片和艺术图在内的图像。大量使用于扫描仪和桌面出版，能支持多种压缩方法和多种不同类型的图像。

GIF 是目前因特网上广泛使用的一种图像文件格式，它的颜色量较少（不超过 256 色），文件特别小，适合因特网传输，在网页中大量使用。GIF 图片支持透明度、压缩、交错和多图像图片，压缩率一般在 50% 左右，它不专属于任何应用程序。目前，几乎所有相关软件都支持它，公共领域有大量的软件在使用 GIF 图像文件。GIF 图像文件的数据是经过压缩的，而且采用了可变长度等压缩算法。GIF 格式的另一个特点是在一个 GIF 文件中可以存多幅彩色图像。如果把存于一个文件中的多幅图像数据逐幅读出并显示到屏幕上，就可构成一种最简单的动画。

PNG 是由 W3C 开发的一种图像文件存储格式，其设计目的是试图替代

GIF 和 TIFF 文件格式，同时增加一些 GIF 文件格式所不具备的特性。PNG 是目前最不失真的格式，存储形式丰富，能把图像文件压缩到极限，以利于网络传输，但又能保留所有与图像品质有关的信息，显示速度快，支持透明图像的制作。PNG 用来存储灰度图像时，灰度图像的深度可多到 16 位，存储彩色图像时，彩色图像的深度可多到 48 位。PNG 一般应用于 Java 程序或网页中，原因是它压缩比高，生成文件占用空间小。

5. 数字图像的编辑处理和应用

（1）数字图像处理。使用计算机对图像进行去噪、增强、复原、分割、提取特征、压缩、存储、检索等操作处理，称为数字图像处理。一般来讲，对图像进行处理的主要目的有以下几个方面。

①提高图像的视感质量。比如，进行图像的亮度和彩色变换，增强或抑制某些成分，对图像进行几何变换，包括特技或效果处理等，以改善图像的质量。

②图像复原与重建。比如，去除图像中的噪点，改变图像的亮度、颜色；增强图像中的某些成分，抑制某些成分；对图像进行几何变换等，从而改善图像的质量，以达到或真实的，或清晰的，或色彩丰富的，或意想不到的艺术效果。

③图像分析。提取图像中的某些特征或特殊信息，为图像的分类、识别、理解或解释创造条件。图像分析主要用于计算机分析，经常用作模式识别、计算机视觉的预处理。

④图像数据的变换、编码和数据压缩，用以更有效地进行图像的存储和传输，比如，一幅大小为 184 KB 的 BMP 格式图像，采用压缩因子为 4 的 JPEG 压缩后，其大小仅有 40 KB。

⑤图像的存储、管理、检索，以及图像内容与知识产权的保护等。

（2）常用图像编辑处理软件。常用的图像编辑处理软件有 Adobe 公司的 Photoshop、Windows 操作系统附件中的网图软件和映像软件、Office 软件中的 Microsoft Photo Editor、Ulead System 公司的 Photo Impact、ACDSystem 公司的 ACDSee32 等。

（3）数字图像的应用。随着计算机技术的发展，图像处理技术已经深入我们生活中的方方面面。

①通信工程方面。当前通信的主要发展方向是声音、文字、图像和数据结合的多媒体通信。具体地讲，是将电话、电视和计算机以三网合一的方式在数字通信网上传输。其中，以图像通信最为复杂和困难，因图像的数据量巨大，如传送彩色电视信号的速率达 100Mb/s 以上。要将这样高速率的数据实时传送出去必须采用编码技术来压缩信息的比特量。

②遥感。数字图像处理技术在航天和航空技术方面的应用，除了对月球、火星等的照片的处理之外，另一方面的应用是在飞机遥感和卫星遥感技术中。

③生物医学工程方面。数字图像处理在生物医学工程方面的应用十分广泛，而且很有成效。CT 技术是比较常用的一种图像处理技术。另外一类是对医用显微图像的处理分析，如红细胞、白细胞分类，染色体分析，癌细胞识别等。此外，在 X 射线肺部图像增晰、超声波图像处理、心电图分析、立体定向放射治疗等医学诊断方面都广泛地应用图像处理技术。

④工业和工程方面。比如，自动装配线中检测零件的质量，并对零件进行分类，印刷电路板疵病检查，弹性力学照片的应力分析，流体力学图片的阻力和升力分析，邮政信件的自动分拣，在一些有毒、放射性环境内识别工件及物体的形状和排列状态，先进的设计和制造技术中采用工业视觉，等等。

⑤机器人视觉。机器视觉作为智能机器人的重要感觉器官，主要进行三维景物理解和识别，是目前处于研究之中的开放课题，机器视觉主要用于军事侦察、危险环境的自主机器人，邮政、医院和家庭服务的智能机器人，装配线工件识别、定位，太空机器人的自动操作等。

⑥军事、公安、档案管理等其他方面的应用。图像处理和识别主要用于各种侦察照片的判读，具有图像传输、存储和显示的军事自动化指挥系统，飞机、坦克和军舰模拟训练系统等；公安业务中图片的判读分析，指纹识别、人脸鉴别、不完整图片的复原，以及交通监控、事故分析等。

⑦娱乐休闲上的应用。例如，电影特效制作、视频播放等。

第三节　信息的检索与判别

一、信息检索的基本原理

20 世纪 70 年代，国外就有人预言，电子计算机和光纤通信技术的问世及其结合将引起信息检索技术的革命。到 20 世纪 80 年代，光存储技术的应用促进了传统信息检索系统的改进。至 20 世纪 90 年代，Internet 和 Intranet 的广泛使用彻底改变了人们的生活与工作方式，也使信息检索领域发生了根本的变革，网络数据库大量涌现，减弱了传统检索的代理服务，成千上万的信息用户成了网络系统的最终用户。网络数据库除原有的二次信息外，出现了越来越多的全文本数据库、事实数据库、数值数据库、图像数据库和其他多媒体数据库等信息资源。因此，传统的手工信息检索技术已远远不能适应现代科学技术发展的需要，用户快、准、全的信息需求需要通过现代信息检索技术来实现，网络系统中的全文检索、多媒体检索、超媒体检索、超文本检索、光盘技术、联机检索和网络检索等先进的计算机检索技术得以迅猛地发展起来。

所谓计算机信息检索是指人们在计算机或计算机检索网络的终端机上，使用特定的检索指令、检索词和检索策略，从计算机检索系统的数据库中检索出所需的信息，继而由终端设备显示或打印的过程，即利用计算机，根据用户的提问，在一定时间内从经过加工处理并已存储在计算机存储介质内的信息集合中查出所需信息的一种检索方式，简称为机检。

为了实现计算机信息检索，必须事先将大量的原始信息加工处理。以数据库的形式存储在计算机介质中，所以广义上讲计算机信息检索包括信息的存储和检索两个方面。

（1）计算机信息存储过程

具体做法是采用手工或者自动方式，将大量的原始信息进行加工，将收集到的原始文献进行主题概念分析，根据一定的检索语言抽取出主题词、分类号及文献的其他特征进行标识或者写出文献的内容摘要，然后把这些经过"前处理"的数据按一定格式输入计算机存储起来，计算机在程序指令的控制下对数据进行处理，形成机读数据库，存储在存储介质（如磁盘、磁带、光盘或者网络空间）中，完成信息的加工存储过程。

（2）计算机信息检索过程

用户对检索课题加以分析，明确检索范围，弄清主题概念，然后用系统检索语言来表示主题概念，把形成检索标识及检索策略输入计算机进行检索。计算机按照用户的要求将检索策略转换成一系列提问，在专用程序的控制下进行高速逻辑运算，选出符合要求的信息输出。计算机检索的过程实际上是一个比较、匹配的过程，检索提问只要与数据库中的信息的特征标识及其逻辑组配关系一致，则属"命中"，即找到了符合要求的信息。

二、计算机信息检索系统

从物理构成上说，计算机信息检索系统包括计算机硬件、软件、数据库、通信线路和检索终端五个部分。

硬件和软件是必备条件；数据库是检索的对象；通信线路是联系检索终端与计算机的桥梁，主要起到确保信息传递畅通的作用。

一般而言，软件由计算机信息检索系统的开发商制作，通信线路硬件和检索终端只要满足计算机信息检索系统的要求，都不需要检索者多加考虑。对检索者来说，他们必须了解的是数据库的结构和类型，以便根据不同的检索要求选择合适的数据库和检索途径。

（一）数据库的概念

数据库是指计算机存储设备上存放的相互关联的数据的有序集合，是计算机信息检索的重要组成部分。数据库通常由若干个文档组成，每个文档又由若干个记录组成，每条记录则包含若干字段。

字段（field）是比记录更小的单位，是组成记录的数据项目。反映信息内外特征的每个项目，在数据库中叫字段，这些字段分别给一个字段名，如论文的题目字段，其字段名为 TI，著者字段名为 AU。

记录（record）是由若干字段组成的信息单元，每条记录均有一个记录号，与手工检索工具的文摘号类似。一条记录描述了一个原始信息的相关信息，记录越多，数据库的容量就越大。

文档（file）是数据库中一部分记录的有序集合，在一些大型联机检索系统中称作文档，在检索中只需输入相应的文档号就能进行不同数据库的检索，如DIALOG系统中399文档是美国化学文摘（CA），211文档是世界专利索引（WPI）。

例如，某个检索数据库将不同年限收录的文献归入不同的文档，文档中每篇文献是一条记录，而篇名、著者、出处、摘要等外部和内部特征就是一个个字段。下面介绍几个概念。

1. 顺排文档和倒排文档

顺排文档相当于手工检索工具中的文摘正文部分，全面记录信息的各种特征。倒排文档相当于手工检索工具的索引，是将记录信息特征的字段抽出，再按一定的规律排列而成的文档。数据库中倒排文档字段越多，其检索途径越多，检索效率越高。

2. 数据库的索引

数据库的索引一般分为基本索引和辅助索引。

基本索引指数据库默认字段所编制的倒排文档，大多数数据库都采用基本索引这一方法，如输入的检索词不含字段名，数据库检索就自动进入基本索引。基本索引默认的字段主要有论文题目、主题词、关键词、文摘等。

辅助索引指相当于基本索引的一些建有倒排文档的字段，在检索时必须在检索词字段前加字段名，否则会误入基本索引，造成检索错误，如检索作者BORD写的论文，其检索式应为AU=BORD。

（二）数据库的类型

（1）书目数据库是机读的目录、索引和文摘检索工具，检索结果是文献的线索而非原文，如许多图书馆提供的基于网络的联机公共检索目录等。

（2）数值数据库主要包含的是数值数据，如美国国立医学图书馆编制的化学物质毒性数据库 RTECS，包含了 10 万多种化学物质的急慢性毒理实验数据。

（3）全文数据库存储的是原始文献的全文，有的是印刷版的电子版，有的是纯电子出版物，如中国学术期刊（光盘版）。

（4）事实数据库存储指南、名录、大事记等参考工具书的信息，如中国科技名人数据库。

（5）超文本型数据库存储声音、图像和文字等多种信息，如美国的蛋白质结构数据库 PDB，该数据库可以检索和观看蛋白质大分子的三维结构。

三、计算机信息检索技术的判别

在实际的检索过程中，许多时候并不是简单的计算机操作就能够完成所需信息的检索，特别是在检索较为复杂的信息时，没有经验的用户会因为一些技术问题而耽误许多的时间，这就需要掌握检索的基本技术。根据需要，选择最适合自己的和符合所检数据库特点的检索技术，能帮助提高检索效率。检索基本技术主要有以下几种。

（一）布尔逻辑检索

布尔逻辑检索是一种比较成熟的、较为流行的检索技术。检索信息时，利用布尔逻辑算符进行检索词的逻辑组配，这是一种常用的检索技术，故称布尔算符。布尔逻辑符有三种，即逻辑"与"（AND）、逻辑"或"（OR）和逻辑"非"（NOT）。布尔逻辑算符在检索表达式中，能把一些具有简单概念的检索单元组配成为一个具有复杂概念的检索式，更加准确地表达用户的信息需求。

1. 逻辑"与"

逻辑"与"用"*"或"AND"算符表示，是一种具有概念交叉或概念限定关系的组配，表示它所连接的两个检索词必须同时出现在检索结果中。增强了检索的专指性，使检索范围缩小了。

2. 逻辑"或"

逻辑"或"用"+"或"OR"算符表示，是一种具有概念并列关系的组配。表示它所连接的两个检索词中，在检索结果里出现任意一个即可。逻辑"或"可使检索范围扩大，使它相当于增加检索主题的同义词，同时能起到去重的作用。

3. 逻辑"非"

逻辑"非"用"—"或"NOT"算符表示，是一种具有概念排除关系的组配，表示它所连接的两个检索词应从第一个概念中排除第二个概念。逻辑"非"用于排除不希望出现的检索词，它和逻辑"与"的作用类似，能够缩小检索范围，增强检索的准确性。

布尔逻辑算符的运算次序如下：对于一个复杂的逻辑检索式，检索系统的处理是从左向右进行的。在有括号的情况下，先执行括号内的逻辑运算；有多层括号时，先执行最内层括号中的运算，再逐层向外进行。在没有括号的情况下，AND、OR、NOT 的运算顺序在不同的系统中有不同的规定。

（二）位置算符

位置算符也称词位检索、邻近检索，表示两个或多个检索词之间的位置邻近关系，常用的有以下几种。

1.（W）与（nW）算符

W 是 with 的缩写，（W）表示在此算符两侧的检索词必须按照输入时的前后顺序排列，而且所连接的词与词之间可以有一个空格、一个标点符号、一个连接字符之外，不得夹有任何其他单词或字母。（nW）由（W）引申而来，表示在两个检索词之间可以插入 n 个单元词，但两个检索词的位置关系不可颠倒。

2.（N）与（nN）

（N）算符表示在此算符两侧的检索词必须紧密相连，但词序可颠倒。（nN）由（N）引申而来，区别在于两个检索词之间可以插入 n 个单元词。

3.（S）算符

S 是 subfield 的缩写，（S）表示其两侧的检索词必须出现在同一子字段中，即一个句子或短语中，词序不限。

4.（F）算符

F 是 field 的缩写，（F）表示其两侧的检索词必须出现在同一字段中，如篇名字段、文摘字段等，词序不限，并且夹在其中间的词量不限。

（三）截词检索

截词检索是一种常用的检索技术，在外文检索中使用最为广泛。

所谓截词，是指在检索词的合适位置进行截断截词检索，则是用截断的同的一个局部进行的检索，并认为满足这个词局部中的所有字符（串）的文献都为命中文献。

截词按截断的位置来分，有后截词、前截词、中截三种类型。

不同的检索系统对截词符有不同的规定，有的用"？"，也有的用"*""！""#"等。

1. 前截词

前截词即后方一致，就是将截词符放在检索词需截词的前边，表示前边截断了一些字符，只要检索与截词符后面一致的信息。例如，输入"？ware"，就可以查找到"software""hardware"等同根为"ware"的信息。

2. 中截词

中截词即前后一致，也就是将截词符放在检索词需截词的中间，表示中间截断了一些字符，要求检索和截词符前后一致的信息。

3. 后截词

后截词即前方一致，就是将截词符放在截词的后边，表示后边截断了一些字符，只要检索和截词符前面一致的信息。例如，输入"com？"，就可以查找到"computer""computerized"等以"com"开头的词。

第二章 计算机网络与信息系统安全

第一节 计算机网络概述

计算机网络是利用通信线路和通信设备，把分布在不同地理位置的具有独立功能的多台计算机、终端及其附属设备互相连接，按照网络协议进行数据通信，通过功能完善的网络软件实现资源共享的计算机系统的集合，它是计算机技术与通信技术相结合的产物。

一、计算机网络的基础知识

（一）计算机网络的发展

计算机网络诞生于20世纪50年代中期；20世纪60—70年代是广域网从无到有并得到大发展的年代；20世纪80年代局域网取得了长足的发展，并日趋成熟；进入20世纪90年代，一方面广域网和局域网紧密结合使得企业网络迅速发展，另一方面因为建造了覆盖全球的信息网络——互联网，为在21世纪进入信息社会奠定了基础。

计算机网络的发展经历了一个从简单到复杂，又到简单（指入网容易、使用简单、网络应用大众化）的过程。计算机网络的发展经历了四个阶段：

1. 面向终端的计算机网络

面向终端的计算机网络是具有通信功能的主机系统，即所谓的联机多用户系统。其基本结构是由一台中央主计算机连接大量的且在地理位置上处于分散的终端构成的系统。例如，在 20 世纪 60 年代初，美国建成了全国性航空飞机订票系统，用一台中央计算机连接 2000 多个遍布美国各地的终端，系统中只有主计算机具有独立处理数据的功能，用户通过终端进行操作。这些应用系统的建立，构成了计算机网络的雏形。

2. 共享资源的计算机网络

共享资源的计算机网络呈现出的是多个计算机处理中心的特点，各计算机通过通信线路连接，相互交换数据、传送软件，实现了网络中所连接的计算机之间的资源共享。这样就形成了以共享资源为目的的第二代计算机网络。它的典型代表是美国国防部协助开发的 ARPA（美国国防部高级研究计划署）网络。ARPA 网络的建成标志着现代计算机网络的诞生，同时也使计算机网络的概念发生了根本性的变化，很多有关计算机网络的基本概念都与 APRA 网的研究成果有关，如分组交换、网络协议、资源共享等。

3. 标准化的计算机网络

1985 年，国际标准化组织（ISO）正式颁布了一个使各种计算机互联成网的标准框架开放系统——开放系统互连参考模型。在 20 世纪 80 年代中期，人们以 OSI 模型为参考，开发制定了一系列协议标准，形成了一个庞大的 OSI 基本协议集。OSI 标准确保了各厂家生产的计算机和网络产品之间的互连，推动了网络技术的应用和发展。这就是所谓的第三代计算机网络。

4.国际化的计算机网络

在 20 世纪 90 年代，计算机网络技术得到了迅猛的发展，特别是 1993 年美国宣布建立国家信息基础设施后，全世界许多国家纷纷制定和建立本国的网络发展方针。目前，全球以互联网为核心的高速计算机网络已经形成，成为人类最重要的、最大的知识宝库。

（二）计算机网络的定义

目前对计算机网络比较公认的定义：计算机网络是指在网络协议控制下，通过通信设备和线路来实现地理位置不同，具有独立功能的多个计算机系统之间的连接，并通过功能完善的网络软件（网络通信协议、信息交换方式及网络操作系统等）来实现资源共享的计算机系统。其中，资源共享是指在网络系统中的各计算机用户均能享受网络内其他计算机系统中的全部或部分资源。

（三）计算机网络的分类

计算机网络按分布距离可分为局域网（LAN）、城域网（MAN）和广域网（WAN）。

1.局域网

局域网作用范围小，分布在一个房间、一个建筑物或一个企事业单位内。其地理范围在 10 m~1 km，传输速率在 1 Mbps 以上（目前常见局域网的速率有 10 Mbps、100 Mbps 和 1000 Mbps）。局域网技术成熟，发展快，是计算机网络中最活跃的领域之一。

2.城域网

城域网作用范围为一个城市，地理范围为 5~10 km，传输速率在 1 Mbps以上。

3. 广域网

广域网作用的范围很大，可以是一个地区、一个省、一个国家，地理范围一般在 10 km 以上，传输速率较低（小于 0.1 Mbps）。

（四）网络的基本功能

计算机网络的功能很多，主要功能有以下几方面：

1. 资源共享

计算机网络的资源共享是计算机联网的主要目的，共享资源包括软件、硬件和信息资源。

软件资源包括各种语言、服务程序、应用程序和工具，通过联网可以实现软件资源共享。例如，网上用户可以将其他计算机上的软件下载到自己的计算机上使用，或将自己开发的软件发布到网上，供其他用户使用。

硬件资源共享是指网上用户可以共享网上的硬件设备，特别是一些特殊设备或价格昂贵的设备，如大型主机、高速打印机、海量打印机、海量存储器等。

信息资源共享是指网上用户可以共享网中公共数据库中的信息。网上的信息服务正成为一种新的服务行业而蓬勃发展。连入互联网上的用户，可以享受全球范围的信息检索、信息发布、电子邮件等多种服务。

2. 数据通信

数据通信可以为网络用户提供强有力的通信手段，让分布在不同地理位置的计算机用户之间能够相互通信，交流信息，如电子邮件、BBS（Bulletin Board System，网络论坛）等。网络使计算机支持协同工作成为可能。

3. 分布式处理

在网络的支持下，网内的多个系统间可以实现分布式处理，即多个系统协同工作，均衡负荷，共同完成某一处理工作。例如，将一项复杂的任务划分成若干子模块，不同的子模块同时运行在网络中不同的计算机上，使其中的每一台计算机分别承担某一部分的工作，多台计算机连成一个具有高性能的计算机系统，由它解决大型问题，大大提高了整个系统的效率和功能。

二、计算机网络的组成

根据网络的定义，一个典型的计算机网络系统由硬件、软件和协议三部分组成。硬件由主体设备、连接设备和传输介质三大部分组成。软件包括网络操作系统和应用软件。协议即网络中的各种协议。

（一）计算机网络硬件

1. 主计算机

主计算机负责数据处理和网络控制，并构成网络的主要资源。主计算机又称主机，主要由大型机、中小型机和高档微机组成，网络软件和网络的应用服务程序主要安装在主机中，在局域网中，主机又被称为服务器（Server）。

在网络设备中，一代计算机或设备应其他计算机的请求而提供服务，使其他计算机通过它共享系统资源，这样的计算机或设备称为服务器。它是网络中心的核心设备，它运行网络操作系统（NOS），负责网络资源管理和网络通信，并按网络客户的请求为其提供服务。

服务器按它提供的服务可划分为如下三种基本类型：

（1）文件服务器。在局域网中，文件服务器掌握着整个网络的命脉，一旦文件服务器出现故障，整个网络就可能瘫痪。它的主要功能是为用户提供网络信息共享，实施文件的权限管理，对用户访问进行控制及提供大容量的磁盘存储空间等。

（2）应用服务器。它用来存储可执行的应用程序软件，为网络用户提供特定的应用服务。例如，通信服务器可让多个用户共享一条通信链路与网络交换信息，还能极大地减少局域网硬件方面的投资；域名服务器则用于在互联网上将计算机域名转换成对应的 IP 地址；数据库服务器是数据库的核心，提供大容量的信息检索等。

（3）打印服务器。它将打印设备提供给网络其他用户实行打印设备的共享。

2. 客户机

客户机是网络用户入网操作的节点，如一般的 PC（个人电脑）。它既能作为终端使用又可作为独立的计算机使用，为用户提供本地服务；也可以联网使用，供用户在更大范围请求网络系统服务，被称为工作站。

3. 传输介质

传输介质是传输数据信号的物理通道，将网络中各种设备连接起来。传输介质性能的好坏对传输速率、通信的距离、可连接的网络节点数目和数据传输的可靠性等均有很大的影响。因此，要根据不同的通信要求，合理地选择传输介质。

4. 网络互连设备

网络互连设备是用来实现网络中各计算机之间的连接、网与网之间的互联、数据信号的变换以及路由选择等功能，主要包括集线器（Hub）、交换机（Switch）、调制解调器（Modem）、网桥（Bridge）、路由器（Router）、网关（Gateway）等。

（二）计算机网络软件

网络软件，一方面授权用户对网络资源的访问，帮助用户方便、安全地使用网络，另一方面管理和调度网络资源，提供网络通信和用户所需的各种网络服务。网络软件一般包括网络操作系统、网络协议、通信软件以及管理和服务软件等。

网络操作系统（NOS）是网络系统管理和通信控制软件的集合，它负责整个网络的软、硬件资源的管理以及网络通信和任务的调度，并提供用户与网络之间的接口。

（三）计算机网络协议

所谓计算机网络协议，就是指为了使网络中的不同设备能进行正常的数据通信，预先制定的一整套通信双方相互了解和共同遵守的格式和约定。协议对于计算机网络而言是非常重要的，可以说没有协议，就不可能有计算机网络。协议是计算机网络的基础。

在互联网上传送的每条消息至少通过三层协议：网络协议，它负责将消息从一个地方传送到另一个地方；传输协议，它管理被传送内容的完整性；应用程序协议，作为对通过网络应用程序发出的一个请求的应答，它将传输的消息转换成人类能识别的内容。

一个网络协议主要由语法、语义、时序三部分组成。

语义："讲什么"，即需要发出何种控制信息、完成何种动作以及做出何种应答。

语法："如何讲"，即数据与控制信息的结构和格式，包括数据格式、编码及信号电平等。

时序："应答关系"，即对有关事件实现顺序的详细说明，如速度匹配、排序等。

三、网络的体系结构和 OSI 参考模型

计算机网络是个非常复杂的系统。假设我们有两台连接在网络上的计算机需要传输文件，作为发送数据的计算机必须完成下列工作：

（1）必须先和对方计算机建立联系，使对方有所准备，协商细节。

（2）要使网络能够识别接收数据的计算机，不会把数据发送到错误的地方去。

（3）需要确认对方是否已经准备好接收数据。

（4）需要确认对方计算机文件系统是否准备好接收文件。

（5）需要确认双方数据的格式是否相同，如果不同的话如何转换。

（6）需要准备好处理意外事故，如数据传输错误、重复或者丢失，网络中某个结点出现故障等，采取某种措施保证对方能正确可靠地收到文件。

（一）OSI 基本参考模型

1984 年，国际标准化组织制定了一个能够使各种计算机在世界范围内互联的标准框架，即 OSI（Open System Interconnection，开放式互连）。它的最大特点是，不同厂家的网络产品，只要遵照这个参考模型，就可以实现互联。也就是说，任何遵循 OSI 标准的系统，只要物理上，可以和世界上任何地方的任何系统连接起来，它们之间就可以互相通信。

在这个模型里面，网络的实现被分成了七层，也就是建立了七层协议的体系结构，从下到上分别为物理层、数据链路层、网络层、传输层、会话层、表

示层和应用层。

（一）OSI 各层功能

1.物理层

物理层只处理二进制信号 0 和 1。0 和 1 被编码成为电信号、光信号等。物理层必须处理电气和机械的特性、信号的编码和电压、物理连接器的规范等。例如，必须对使用电缆的长度、阻抗做出明确的规定；对电缆如何传输信号、使用哪一种编码进行明确的规定等。

2.数据链路层

二进制信号流被组织成数据链路协议数据单元（通常称为帧），并以它为单位进行传输，帧中包含地址、控制、数据及校验码等信息。数据链路层的主要作用是通过校验、确认和反馈重发等手段，将不可靠的物理链路改造成对网络层来说无差错的数据链路。数据链路层还要协调收发双方的数据传输速率，即进行流量控制，以防止接收方因来不及处理发送方发送过来的高速数据而导致缓冲器溢出及线路阻塞。

3.网络层

网络层在发送数据时，首先根据逻辑地址判断接收方是否位于本地网络，如果在本地，就直接把数据单元交给数据链路层作为数据处理；如果在远程网络上，就发送给路由器，由路由器寻找所连接的多个网络中最合理的路径，把数据一站一站地发送到远程网络上去。当然，计算机到本地路由器上的数据发送，也是使用数据链路层将网络层数据包作为数据发送的。

网络层需要进行拥塞控制，网络各节点的网络层彼此协商，防止和缓解拥塞现象。

4. 传输层

只有网络层和数据链路层的数据传输是不可靠的，数据发送以后不一定能够正确无误地到达目的地，这种数据传输称为无连接的数据传输。传输层提供了面向连接的数据传输，在这种传输模式下，双方计算机首先需要建立一种虚拟的连接，好像双方中间有一条单独的物理线路一样，数据就像水流在管道中一样"流"过去。这种面向连接的数据传输方法能够确保数据正确地到达目的地。当然，传输层的该功能是通过网络层实现的，双方需要不停地协商，发现错误、丢失数据包以后就重发，直到数据正确到达目的地。

传输层也提供了无连接的数据传送服务，用于对性能要求较高而对可靠性要求不高的场合。比如视频、声音信号的网络传送，对速度的稳定性要求较高，而对传输过程中偶尔发生的传输失败或错误能够容忍，这样的应用使用无连接的服务就非常合适。

传输层的数据单元最后作为数据交给网络层发送出去。

5. 会话层

会话层负责管理和建立会话，也处理系统之间不同服务的请求同步，对系统间请求的响应进行管理。组织和同步进程之间的会话就是允许双向同时进行或任何时刻只有一方可以发送，即双工或单工传输，在单工的情况下，由会话层管理和协调双方哪一方发送数据。

6. 表示层

为上层用户提供共同的数据或信息的语法表示变换，为了让采用不同编码方法的计算机在通信中能相互理解数据的内容，可以采用抽象的标准方法来定义数据结构，并采用标准的编码表示形式。表示层管理这些抽象的数据结构，并将计算机内部的表示形式转换成网络通信中采用的标准表示形式。数据压缩和加密也是表示层可提供的表示变换功能。

7. 应用层

应用层不是指 Word、Excel 等应用软件，而是指一些直接为这些使用网络服务的软件提供网络服务的接口和方法。例如，使用文件传输协议（FTP）服务进行文件传输的具体方法和显示网页的方法和细节等。它直接与用户进程相接，完成与用户进程之间的信息交换。

通过上面对 OSI 参考模型各层的介绍，不难发现，它并没有定义各层的具体协议，没有具体讨论编程语言、操作系统、应用程序和用户界面，只是描述了每一层的功能。

网络分层可以将复杂的技术问题简化为一些比较简单的问题去处理，从而使网络的结构具有较大的灵活性。同时网络分层还使得网络互联变得规范和容易。因为网络的互联在多数情况下是异种网络的互联，如局域网的互联、局域网与广域网的互联等，而这些不同的网络执行的是不同的协议，其操作系统和接口也不同，中间的联网极其复杂。而 OSI 参考模型的一个成功之处在于，它清晰地分开了服务、接口和协议这三个容易混淆的概念：服务描述了每一层的功能；接口定义了某层提供的服务如何被高层访问；而协议是每一层功能的实现方法。通过区分这些抽象概念，OSI 参考模型将功能定义与实现细节区分开来，使网络具有普遍的适应能力。

第二节　信息系统安全概述

在计算机的所有软件中，操作系统是紧挨着硬件的基础软件，其他软件是在操作系统的统一管理和支持下运行。操作系统安全是网络通信和应用软件安全的坚实基础，操作系统的不安全不仅会影响上层网络通信及应用软件的安全，而且会造成整个信息系统陷入瘫痪。数据库系统作为信息的聚集体，也是计算机信息系统的核心部件，其安全性直接关系到企业兴衰和国家安全。

一、信息系统

信息系统是以提供特定信息处理功能、满足特定业务需要为主要目标的计算机应用系统，现代化的大型信息系统都是建立在计算机操作系统和计算机网络不断发展的基础上的。典型的信息系统多为分布式系统，同一个信息系统内，不同的硬件、软件和固件有可能会被部署在不同的计算机上。对于大型信息系统，由于业务需要，其计算机节点可能会被部署在不同的位置和环境下。

二、信息系统安全

所提及的信息安全概念都是理论上的定义。信息系统安全是一个更为具体的实际概念，信息系统的特征决定了信息系统安全是需要考虑的主要内容。在评价信息系统是否安全时，需要考虑以下几个问题：①信息系统是否满足机构自身的发展目的或使命要求；②信息系统是否能为机构的长远发展提供安全方面的保障；③机构在信息安全方面所投入的成本与所保护的信息价值是否平衡；④什么程度的信息系统安全保障在给定的系统环境下能保护的最大价值是多少；⑤信息系统如何有效地实现安全保障。

（一）信息系统安全技术

信息系统安全技术是实现安全信息系统所采用的安全技术的构建框架，包括：信息系统安全的基本属性，信息系统安全的组成与相互关系，信息系统安全等级划分，信息系统安全保障的基本框架，信息系统风险控制手段及其技术支持等。

从具体的应用软件构建划分，信息系统安全技术分为传输安全、系统安全、应用程序安全和软件安全等技术。根据所涉及技术的不同，可将信息系统安全技术粗略地分为：①信息系统硬件安全技术；②操作系统安全技术；③数据库安全技术；④软件安全技术；⑤身份认证技术；⑥访问控制技术；⑦安全审计技术；⑧入侵监测技术；⑨安全通信技术这些都是构建安全信息系统的必要技术，而且必须合理有序地加以综合应用，形成一个支撑安全信息系统的技术平台。

（二）信息系统安全管理

信息系统安全管理建构在安全目标和风险管理的基础之上。一个机构的信息系统安全管理体系，是从机构的安全目标出发，利用机构体系结构这一工具，分析并理解机构自身的管理运行架构，并纳入安全管理理念，对实现信息系统安全所采用的安全管理措施进行描述，包括信息系统的安全目标、安全需求、风险评估、工程管理、运行控制和管理、系统监督检查和管理等方面，以期在整个信息系统生命周期内实现机构的全面可持续的安全目标。信息系统安全管理主要包括以下内容：①安全目标确定；②安全需求获取与分类；③风险分析与评估；④风险管理与控制；⑤安全计划制订；⑥安全策略与机制实现；⑦安全措施实施。

信息系统安全管理各组成部分的关系具体如下：

（1）信息系统的安全目标由与国家安全相关的法律法规、机构组织结构、机构的业务需求等因素确定；

（2）将安全目标细化、规范化为安全需求，安全需求再按照信息资产（如业务功能、数据）的不同安全属性和重要性进行分类；

（3）安全需求分类后，要分析系统可能受到的安全威胁和面临的各种风险，并对风险的影响和可能性进行评估，得出风险评估结果；

（4）根据风险评估结果，选择不同的应对措施和策略，以便管理和控制风险；

（5）制订安全计划；

（6）设定安全策略和相应的策略实现机制；

（7）实施安全措施。

很明显，在信息系统安全管理的各组成部分里，有很多的管理概念与管理过程并不属于技术范畴，但同时却是选择技术手段的依据。例如，信息资产的重要性、风险影响的评估、应对措施的选择等问题，都需要机构的最高管理层对机构的治理、业务的需要、信息化的成本效益、开发过程管理等问题做出管理决策。所以，从机构目标的角度看，信息安全管理并不是单纯的技术管理，它也涉及整个机构长远发展的管理。

（三）信息系统安全标准

标准是技术发展的产物，它又进一步推动技术的发展。完整的信息系统安全标准体系，是建立信息系统安全体系的重要组成部分，也是信息系统安全体系实现规范化管理的重要保证。

信息系统安全标准是对信息系统安全技术和安全管理的机制、操作和界面的规范，是从技术和管理方向，以标准的形式对有关信息安全的技术、管理、实施等具体操作进行的规范化描述。

除了信息安全标准能对信息安全的技术、管理、实施进行规范之外，国家及行业的相关安全标准规范也明确地规定了安全目标和安全需求。因此，机构在构建信息系统之前，必须先明确机构的安全目标和安全需求，确保将要实现的信息系统安全特性符合机构的目标，此时，国家法律法规和标准规范就将作为制定目标和需求的依据。

三、操作系统安全

安全操作系统是在操作系统层面实施保护措施，这些保护措施主要是对应用访问的一些保护措施。尽管也可以在应用层实施这些安全保护，但在应用层提供的保护措施仅可以防止从本应用中发起的非法资源访问行为，不能控制通过其他程序发起的攻击行为。如果攻击者通过使用应用外的手段发起攻击，则应用软件中的安全机制就有可能被旁路，从而无法起到保护作用。由于操作系统的功能是管理信息系统内的资源，应用软件要通过操作系统提供的系统调用接口来访问资源，所以操作系统中的安全机制对所有应用都有效，因此难以被攻击者从应用层旁路。

可以说，如果没有操作系统安全，就不可能真正解决数据库安全、网络安全和其他应用软件的安全问题。AT&T（美国电话电报公司）实验室的 S.Bellovin 博士曾经对美国 CERT（计算机安全应急响应组）提供的安全报告进行过分析，结果表明，很多安全问题都源于操作系统的安全脆弱性。操作系统安全是整个信息系统安全的基础，它是实现数据加密、数据库安全、网络安全和其他各种软件安全的必要条件。

（一）操作系统安全是数据库安全的必要条件

数据库通常是建立在操作系统之上的，若没有操作系统安全机制的支持，数据库就不可能具有存取控制的安全可信性。

（二）操作系统安全是网络安全的必要条件

在网络环境中，网络的安全可信性依赖于各主机系统的安全可信性，而主机系统的安全性又依赖于其操作系统的安全性。因此，若没有操作系统的安全性，就没有主机系统的安全性，从而就不可能有网络系统的安全性。

（三）操作系统安全是应用软件安全的必要条件

计算机应用软件都建立在操作系统之上，它们都是通过操作系统完成对系统中信息的存取和处理。

（四）操作系统安全为数据安全提供了安全的操作环境

数据加密是保密通信中必不可少的手段，也是保护文件存储安全的有效方法。数据加密、解密所涉及的密钥分配、转储等过程必须用计算机实现。如果不相信操作系统可以保护数据文件，那就不应相信它总能适时地加密文件并能妥善地保护密钥。因此，如果没有一个安全的操作系统提供保护，数据加密就好比"在纸环上套了个铁环"，不可能真正提高整个系统的安全性。

安全操作系统最终的目标是保障其上的应用乃至整个信息系统的安全，其安全思路是从加强操作系统自身的安全功能和安全保障出发，在操作系统层面实施保护措施，并为应用层的安全提供底层服务。由于安全操作系统对操作流程和使用方式的约束较大，它更适合应用于生产型信息系统，即系统流程比较固定、安全需求明确、应用软件来源清晰的系统。针对这类系统，较之后验式的安全保护方法，安全操作系统具有明显优势。

四、数据库系统安全

数据库系统一般可以理解成两部分：一部分是数据库，是指自描述的完整记录的集合。自描述的含义是指它除了包含用户的源数据外，还包含关于它本身结构的描述。数据库的主体是字节流集合（用户数据）以及用以识别字节流的模式（属于元数据，称为数据库模式）。另一部分是数据库管理系统（DBMS），为用户及应用程序提供数据访问，并具有数据库管理、维护等多种功能。DBMS负责执行数据库的安全策略，人们对数据库系统提出的安全要求，实质上是对DBMS的安全要求。

（一）数据库的安全需求

数据库安全是保证数据库信息的保密性、完整性、一致性和可用性。保密性是保护数据库中数据不被泄露和未授权的获取；完整性是保护数据库中的数据不被破坏和删除；一致性是确保数据库中的数据满足实体完整性、参照完整性和用户定义完整性要求；可用性是确保数据库中的数据不因人为的和自然的原因对授权用户不可用。当数据库被使用时，应确保合法用户得到正确数据，同时要保护数据免受威胁，确保数据的完整性。根据上述定义，数据库安全性的安全需求有数据库的物理完整性、数据库的逻辑完整性、元素完整性、可审计性、用户身份鉴别、访问控制、可用性等方面。

（二）数据库的安全层次

数据库安全可分为三个层次：DBMS 层、应用开发层和使用管理层。DBMS 层的安全由 DBMS 开发者考虑，它为 DBMS 设计各种安全机制和功能；应用开发层由应用系统的开发者根据用户的安全需求和所用 DBMS 系统固有的安全特性，设计相关安全功能；使用管理层要求数据库应用系统的用户在已有安全机制的基础上，发挥人的主观作用，最大限度地利用系统的安全功能。

与上述三个层次对应，数据库的安全策略通常可以从系统安全性、用户安全性、数据安全性和数据库管理员安全性等方面考虑。系统安全方面的安全机制，可以在整个系统范围内控制对数据库的访问和使用。数据库的安全性与计算机系统的安全性，包括操作系统安全、网络安全是紧密联系、相互支持的。

（三）数据库的安全机制

数据库常用的安全机制有身份认证、访问控制、视图机制、安全审计、攻击检测、数据加密和安全恢复等几种。

1. 身份认证

身份认证是安全数据库系统防止非授权用户进入的第一道安全防线，目的是识别系统合法授权用户，防止非授权用户访问数据库。系统用户要登录系统时，必须向系统提供用户标识和鉴别信息，以供安全系统识别认证。

2. 访问控制

访问控制是数据库安全系统的核心技术，它确保只允许合法用户访问其权限范围内的数据。数据库访问控制包括定义、控制和检查数据库系统中用户对数据的访问权限，以确保系统授权的合法用户能够可靠地访问数据库中的数据信息，同时防止非授权用户的任何访问操作。

3. 视图机制

同一类权限的用户，对数据库中数据管理和使用的范围有可能是不同的。为此，DBMS 提供了数据分类功能，管理员把用户可查询的数据，从逻辑上进行归并，形成一个或多个视图，并赋予名称，再把该视图的查询权限授予一个或多个用户。通过视图机制可以对无权访问的用户隐藏要保密的数据，从而为数据提供一定程度的保护。

4. 安全审计

安全审计是将事前检查，变为事后监督的机制，通过记录用户的活动，发现非授权访问数据的情况。在大型 DBMS 中，提供安全审计功能是十分必要的，它可以监视各用户对数据库施加的行为。

5. 攻击检测

攻击检测是对安全审计日志数据进行分析，以检测攻击企图，追查有关责任者，并及时发现和修补系统的安全漏洞，增强数据库的安全强度。

6. 数据加密

对一些重要部门或敏感领域，仅是上述措施还难以完全保证数据的安全。因此，有必要对数据库中存储的重要数据进行加密处理，以实现数据存储的安全保护。数据加密是防止数据在存储和传输中失窃的有效手段。数据库的数据加密技术有以下显著特点：①数据加密后的存储空间应该没有明显改变；②加密与解密的时效性要求更高；③要求授权机制和加密机制有机结合；④需要安全、灵活、可靠的密钥管理机制；⑤支持对不同的数据加密粒度；⑥加密机制要尽量减少对数据库基本操作的影响。

7. 系统恢复

在遭到破坏的情形下，具备尽可能完整有效地恢复系统的能力，把损失降低到最低程度。

第三节　系统攻击与防御手段

一、计算机网络攻击手段

网络攻击的手段多种多样，其中大部分攻击都得到了很好的解决。这些攻击方式主要有以下几种：

（一）拒绝服务攻击

DOS 即拒绝服务攻击，它是指攻击者想办法让目标机器停止提供服务或资源访问，是黑客常用的攻击手段之一。这些资源包括磁盘空间、内存、进程甚至网络带宽，从而阻止用户的正常访问。其实对网络带宽进行的消耗性攻击只是拒绝服务攻击的一小部分，只要能够对目标造成麻烦，使某些服务被暂停甚至主机死机，都属于拒绝服务攻击。拒绝服务攻击问题也一直得不到合理的解决，这是由网络协议本身的安全缺陷造成的，因而拒绝服务攻击也成为攻击者的终极手法。攻击者进行拒绝服务攻击，实际上让服务器实现两种效果：一是迫使服务器的缓冲区溢满，不接受新的请求；二是使用 IP 欺骗，迫使服务器把合法用户的连接复位，影响合法用户的连接。当前最流行的 DOS 攻击方式是 SYN flood［计算机服务器进行拒绝服务（DOS）攻击］：这是一种利用 TCP（Transmission Control Protocol，传输控制协议）协议缺陷，发送大量伪造的 TCP 连接请求，使被攻击方资源耗尽的攻击方式。

（二）漏洞扫描

漏洞是在硬件、软件、协议的具体实现或系统安全策略上存在的缺陷，从而可以使攻击者能够在未授权的情况下访问或破坏系统。入侵者一般利用扫描技术获取系统中的安全漏洞进而侵入系统，而系统管理员也需要通过扫描技术及时了解系统存在的安全问题，并采取相应的措施来提高系统的安全性。漏洞扫描技术是建立在端口扫描技术的基础之上的。从对黑客攻击行为的分析和收集的漏洞来看，绝大多数都是针对某一个网络服务，也就是针对某一个特定的端口的。所以漏洞扫描技术也是以与端口扫描技术同样的思路来开展扫描的。

漏洞扫描主要通过以下两种方法来检查目标主机是否存在漏洞：在端口扫描后得知目标主机开启的端口以及端口上的网络服务，将这些相关信息与网络漏洞扫描系统提供的漏洞库进行匹配，查看是否有满足匹配条件的漏洞存在；通过模拟黑客的攻击手法，对目标主机系统进行攻击性的安全漏洞扫描，如测试弱势口令等。若模拟攻击成功，则表明目标主机系统存在安全漏洞。

（三）缓冲区溢出攻击

缓冲区溢出攻击是利用缓冲区溢出漏洞所进行的攻击行动。缓冲区溢出是一种非常普遍、非常危险的漏洞，在各种操作系统、应用软件中广泛存在。利用缓冲区溢出攻击，可以导致程序运行失败、系统关机、重新启动等后果。更为严重的是，可以利用它执行非授权指令，甚至可以取得系统特权，进而进行各种非法操作。

（四）ARP 欺骗

ARP（Address Resolution Protocol，地址解析协议）在进行地址解析的工作过程中没有对数据报和发送实体进行真实性和有效性的验证，因此存在着安全缺陷。攻击者可以通过发送伪造的 ARP 消息给被攻击对象，使被攻击对象获得错误的 ARP 解析。例如，攻击者可以伪造网关的 ARP 解析，使被攻击对象将发给网关的数据报错误地发到攻击者所有主机，于是攻击者就可以窃取、篡改、阻断数据的正常转发，甚至造成整个网段的瘫痪。

（五）特洛伊木马

特洛伊木马简称木马，常常会伪装成正常的软件程序进入用户的计算机，在感染用户计算机后伺机窃取用户资料传递给攻击者，或者使攻击者可以控制用户计算机。木马由两部分组成：服务端和控制端。感染木马、受远程控制的一方称为服务端，对服务端进行远程控制的一方成为控制端。当主机被装上服务端程序，攻击者就可以使用控制端程序通过网络来控制主机。木马通常是利用蠕虫病毒、黑客入侵或者使用者的疏忽将服务端程序安装到主机上的。

（六）蠕虫

网络蠕虫是一种智能化、自动化的计算机程序，它综合了网络攻击、密码学和计算机病毒等方面的知识和技术。虽然很多人习惯于将蠕虫称为蠕虫病毒，但严格来说计算机病毒和蠕虫是有所不同的。病毒是通过修改其他程序而将其感染。而蠕虫是一种独立的智能程序，它可以通过网络等途径将自身的全部代码或部分代码复制、传播给其他计算机系统，但它在复制、传播时，不寄生于病毒宿主之中。同时具有蠕虫和病毒特征的程序称为蠕虫病毒。由于蠕虫病毒有着极强的感染能力和破坏能力，它已成为网络安全的主要威胁之一。

二、计算机网络安全防御技术分析

（一）虚拟专用网

所谓虚拟专用网，就是建立在公用网上的，由某一组织或某一群用户专用的通信网络，其虚拟性表现在任意一对 VPN（Virtual Private Network，虚拟专用网络）用户之间没有专用的物理连接；而是通过 ISP（Internet Service Provider，互联网服务提供商）提供的公用网络来实现通信的，其专用性表现在 VPN 之外的用户无法访问 VPN 内部的网络资源，VPN 内部用户之间可以实现安全通信。因特网本质上是一个开放的网络，没有任何安全措施可言。随着因特网应用的扩展，很多要求安全和保密的业务需要通过因特网实现，这一需求促进了 VPN 技术的发展。各个组织和企业都在研究和开发 VPN 的理论、技术、协议、系统和服务。实际应用中要根据具体情况选用适当的 VPN 技术。实现 VPN 的关键技术主要有如下几种：

1.隧道技术。隧道技术是一种通过使用因特网基础设施在网络之间传递数据的方式。隧道协议将其他协议的数据报重新封装在新的包头中发送。新的包头提供了路由信息，从而使封装的负载数据能够通过因特网传递。在因特网上建立隧道可以在不同的协议层实现，例如数据链路层、网络层和传输层，这是 VPN 特有的技术。

2.加解密技术。VPN 可以利用已有的加解密技术实现保密通信，保证公司业务和个人通信的安全。

3.密钥管理技术。建立隧道和保密通信都需要密钥管理技术的支撑，密钥管理负责密钥的生成、分发、控制和追踪，以及验证密钥的真实性等。

4.身份验证技术。加入 VPN 的用户都要通过身份认证，通常使用用户名和密码，或者智能卡来实现用户的身份认证。

（二）防火墙技术

防火墙是位于两个或多个网络之间，执行访问控制策略的一个或一组系统，是一类防范措施的总称。防火墙的作用是防止不希望的、未经授权的通信进出被保护的网络，通过边界控制强化内部网络的安全政策。防火墙通常放置在外部网络和内部网络的中间，执行网络边界的过滤封锁机制。总之，防火墙是一种逻辑隔离部件，而不是物理隔离部件，它所遵循的原则是在保证网络通畅的情况下，尽可能地保证内部网络的安全。防火墙是在已经制定好的安全策略下进行访问控制，所以一般情况下，它是一种静态安全部件，但随着防火墙技术的发展，防火墙通过与 IDS（Intrusion Detection System，入侵检测系统）进行联动，或者本身集成 IDS 功能，能够根据实际的情况进行动态的策略调整。从技术角度来看，防火墙主要包括包过滤防火墙、状态检测防火墙、电路级网关、应用级网关和代理服务器。

（三）IDS 和 IPS

1.IDS

IDS 即入侵检测系统，是一种主动保护自己，使网络和系统免遭非法攻击的网络安全技术，它依照一定的安全策略，对网络、系统的运行状况进行监视，尽可能发现各种攻击企图、攻击行为或攻击结果，以保证网络系统资源的机密性、完整性和可用性。IDS 是对防火墙的一个极其有益的补充，我们做一个形象的比喻：假如防火墙是一栋大楼的门锁，那么 IDS 就是这栋大楼里的监视系统。一旦小偷爬窗进入大楼，或者内部人员有越界行为，实时监测系统才能发现情况并发出警告。

一个 IDS 通常由探测器、分析器、响应单元和事件数据库组成。探测器主要负责手机数据。分析器的作用是分析从探测器中获得的数据，主要包括两个方面：一个监控进出主机和网络的数据流，看是否存在对系统的入侵行为；另一个是评估系统关键资源和数据文件的完整性，看系统是否已经遭受了入侵。响应单元的作用是对分析的结果做出相应的动作，或是报警，或是更改文件属性，或是阻断网络连接等。事件数据库主要用来存放各种中间数据，记录攻击的基本情况。

根据数据来源和系统结构的不同，IDS 可以分为基于主机、基于网络和混合型入侵检测系统三类；而根据入侵检测所采用的技术，可以分为异常检测和误用检测两类。

2.IPS（Intrusion Prevention System，入侵防御系统）

随着网络攻击技术的发展，对安全技术提出了新的挑战。防火墙技术和 IDS 自身具有的缺陷阻止了它们进一步的发展。如防火墙不能阻止内部网络的攻击，对于网络上流行的各种病毒也没有很好的防御措施；IDS 只能检测入侵而不能实时地阻止攻击，而且 IDS 具有较高的漏报和误报率。

在这种情况下，IPS 即入侵防御系统成了新一代的网络安全技术。IPS 提供主动、实时的防护，其设计旨在对网络流量中的恶意数据包进行检测，对攻击性的流量进行自动拦截，使它们无法造成损失。IPS 如果检测到攻击企图，就会自动地将攻击包丢掉或采取措施阻断攻击源，而不把攻击流量放进内部网络。IPS 的原理是通过嵌入到网络流量来实现这一功能的，即通过一个端口接受来自外部系统的流量，经过检查确认其中不包含异常活动或可疑内容后，再通过另外一个端口将它传送到内部系统中。这样有问题的数据包，以及所有来自同一数据流的后续数据包，都能在 IPS 设备中被清除掉。

网络安全防御技术还有 ISA（Internet Security and Acceleration，互联网安全与加速）服务器，访问控制技术和网络隔离技术等，每一种技术都有它的优点，但也不是万能的。在实际生活中，我们需把多种技术结合起来，尽可能把不安全因素隔离在网络之外。

第三章 多媒体与数据库技术

第一节 多媒体技术的基本知识

多媒体是计算机领域的一种形式，是指把两种或两种以上的媒体综合在一起。多种媒体的统一合理搭配与协调，通过不同角度、不同形式展示信息，增强了人们对信息的理解和记忆。

一、媒体

媒体（media）的概念非常广泛，在日常生活中，常把可以记载或保存数据的物质或材料及其制成品称为数据的载体，也就是媒体。而根据国际电话电报咨询委员会（CCITT）的通用定义，可以把媒体分成五大类：

1. 感觉媒体。指直接作用于人的感觉器官，使人产生直接感觉的媒体，包括了人类的各种语言、文字、图形、图像、音乐、其他声音、动画等。

2. 表示媒体。指为传播和表达数值、文字、声音、图形、图像信息的数字化表示而制定的信息编码，如图像常采用 JPEG 编码，文本常采用 ASCII、GB2312 编码等。

3. 表现媒体。用于通信，是为表示媒体和感觉媒体之间的转换而使用的媒体。分为输入媒体和输出媒体。如键盘、鼠标、麦克风等为计算机系统中的输入媒体；显示器、音箱、打印机、绘图仪等为输出媒体。

4. 存储媒体。指存储信息的物理介质，如硬盘、光盘、磁带等。

5. 传输媒体。指传送数据信息的物理介质，如电缆、光缆等。

二、多媒体与多媒体技术

（一）多媒体

多媒体指能够同时获取、编辑、处理、存储和展示两个或两个以上不同类型信息媒体的技术。这些信息媒体有文本、图形、图像、声音、动画和视频等。

（二）多媒体技术

1. 多媒体计算机技术是指计算机交互综合处理多种媒体信息（文本、声音、图形、图像、动画和视频等），使多种媒体信息结合在一起，建立逻辑连接，集成为一个系统并具有交互性的信息技术。

多媒体技术的发展过程中，与许多技术的进步紧密相连。主要包括媒体设备的控制和媒体信息处理与编码技术、多媒体信息组织与管理技术、多媒体系统技术、多媒体人机接口与虚拟现实技术、多媒体通信网络技术、多媒体应用技术六个方面。

2. 多媒体技术的特性

（1）集成性：指文本、图形、图像、声音、动画及视频等多媒体综合使用的特性。

（2）交互性：指用户可以通过与计算机交互的手段控制和应用各种媒体信息的特性。

（3）同步性：指多种媒体同步运行的特性。

三、多媒体计算机，多媒体设备

（一）多媒体计算机

多媒体计算机一般指具有能获取、存储并展示文本、图形、图像、声音、动画和视频等媒体信息处理能力的计算机。

一台多媒体计算机要实现对多种媒体的处理能力，其典型的硬件配置包括：速度快、功能强的中央处理器，大容量的内存、硬盘，高分辨率的显示设备与接口，视频卡，图形加速卡和 I/O 端口等。以当前的计算机硬件水平而言，大多数的微机都是多媒体计算机。

（二）多媒体设备

1.多媒体数码设备

（1）音频设备：多媒体音频设备是音频输入/输出设备的总称。常见的音频输出设备有音箱、耳机、功放机（用于把来自信号源的微弱电信号进行放大以驱动扬声器发出声音）等，而常见的音频输入设备有音频采样卡、合成器、麦克风等。利用多媒体控制台、数字调音台（用于将多路输入信号进行放大、混合、分配、音质修饰和音响效果加工）可以实现对音频的加工和处理。声卡是计算机处理音频信号的 PC 扩展卡，其主要功能是实现音频的录制、播放、编辑以及音乐合成、文字语音转换等。

（2）视频设备：常见多媒体视频设备有视频卡、视频采集卡、DV 卡、电视卡、电视录像机、视频监控卡、视频信号转换器、视频压缩卡、网络硬盘录像机等。各种视频设备均有其自身的用途，比如，DV 卡用于与数码摄像机相连，将 DV 影片采集到计算机的硬盘；电视卡用于在计算机上看电视；视频压缩卡用于压缩视频信息；视频采集卡用于采集视频数据；视频监控卡用于对摄像机或摄像头的信号进行捕捉并以 MPEG 格式存储到硬盘等。

（3）光存储设备：光存储系统由光盘盘片和光盘驱动器组成。光盘上有凹凸不平的小坑，光照射到上面有不同的反射，再转化为数字信号就成了光存储。常见的光存储系统有只读型、一次写入型和可擦写型。目前常见的光存储系统有 CD-ROM、CD-R、CD-RW、DVD 光存储系统和光盘库系统等。

（4）其他常用多媒体设备：包括以下几种。

1）笔输入设备：指以手写方式输入的设备，如手写笔、手写板等。

2）扫描仪：利用扫描仪可以将纸张上的文本、图画、照片等信息转换为数字信号传输到计算机中。

3）触摸屏：利用触摸屏可以在屏幕上同时实现输入和输出。

4）数码相机：利用电子传感器把光学影像转换成电子数据的照相机，与传统照相机的最大区别是数码相机中没有胶卷，取而代之的是 CCD/CMOS 感光器件和数字存储器。

5）数码摄像机：工作原理与数码相机类似，用于获取视频信息的设备。

2. 多媒体接口：通用的多媒体设备接口包括并行接口、SCSI 接口、VGA 接口、USB 接口、IEEE1394 接口等。

（1）并行接口：简称并口，是一种增强了的双向并行传输接口，采用并行通信协议。并行接口的数据传输率比串行接口快 8 倍，标准的并行接口数据传输率为 1Mbit/s，常用来连接扫描仪、打印机、外置存储设备等。

（2）SCSI 接口：即小型计算机系统接口，其具备与多种类型的外部设备进行通信的能力。SCSI 接口是一种广泛应用于小型机上的高速数据传输接口。

它具有带宽大、多任务、CPU 占用率低、热插拔及应用范围广等优点，可以连接磁盘、CD-ROM、打印机、扫描仪和通信设备等。

（3）VGA 接口：即视频图形阵列接口。它是显卡上输出模拟信号的接口，目前大多数计算机与外部显示设备之间都是通过模拟 VGA 接口连接。

（4）USB 接口：即通用串行总线接口，它支持设备的即插即用和热插拔功能。USB 接口可用于连接多种外设，如鼠标、键盘、扫描仪等。

（5）IEEE1394 接口：也称"火线"接口，是苹果公司开发的串行标准。IEEE1394 支持外设热插拔，可为外设提供电源，能连接多个不同设备，支持同步数据传输。IEEE1394 接口常用于连接数码相机、数码摄像机、DVD 驱动器等。

四、多媒体技术在网络教育中的作用

（一）多媒体技术对培训和教育的影响

随着多媒体技术的不断发展和完善，多媒体作为一种教育形式和教学手段已经越来越多地应用于各种教学和培训中。在众多的多媒体培训和教学形式中，应用最广泛的也是最典型的一种方式就是多媒体教室。心理学研究证明，人类从外界获得的信息当中，听觉和视觉占全部的 94%。而且，在学习的过程中同时使用听觉和视觉，更能明显地提高学习和记忆效率。而在多媒体教室中，教师利用以计算机为核心的各种多媒体设备，把图、文、声、像等和计算机程序融合在一起，这样使学习者进入了一个全方位、多渠道的感知世界，从而激发学习者的学习兴趣，吸引学习者的注意力，促进人的思维发展，达到加快知识消化吸收、提高学习效率的目的。

另外一种方式是结合虚拟现实技术，打破时间和空间的限制，弥补目前教育中的不足。通过建立虚拟实验室等方法，在学生操作虚拟设备的同时，立体投影屏幕上显示相应的图像和交互操作的效果。这样的操作过程清晰易懂，学生参与度高，有利于学生的正确理解和掌握知识。同时，采用虚拟现实技术还可以降低办学成本，大大减少原材料的消耗，避免不必要的浪费。而对于一些特殊的存在危险的培训和教育（比如消防、飞行驾驶、虚拟手术等），采用虚拟现实技术进行前期训练更可以大大地降低培训的费用和风险。

对于需要自学的学习者而言，交互式的多媒体教学程序软件（也被称为"课件"）无疑是一个很好的选择。它改变了传统教育中学生的被动地位，能使学生更加自主、充分、有效地学习，有力地弥补了集体教学的不足。目前这类软件主要应用于计算机教学、语言教学、课程教学和各类考试辅导等。除此之外，更有各种工具类图书也以多媒体的形式呈现出来，供学习者使用，比如电子百科全书、电子词典、电子参考书等。

此外，通过多媒体技术与网络技术结合，可有效地开展远程教育。在远程教育中，通过网络传播多媒体信息，它跨越了国家、地区，缩小了与世界的距离，使得学习者可以随时随地地共享高水平的教育而不必受到地域和教学水平的限制。

（二）多媒体技术对远程教育的影响

在信息时代，每个人都需要不断地接受新的教育。教育不再局限于学校、年龄，而是使受教育者终身受益。远程教育正是构筑这种终身学习的主要方式。随着远程教育的发展和科技的进步，录音、录像、广播、电视等媒体涌现，但是这些媒体都是单向媒体，只能呈现教学信息，无法实现交互式教学。而现代远程教育正是随着现代信息技术发展产生的一种新型的教育方式，它是以现代远程教育手段为主，把多种媒体优化、有机地组合起来的教育方式。

将多媒体计算机与现代通信技术相结合实现网络远程教育，使得教育信息的传播不再受时间、地点、气候等因素的影响，大幅提高了教育的传播时效和范围。通过使用网络上的多媒体课件和共享世界各地图书馆的资料，利用多媒体技术的交互性，学习者可以直观地获得除文本以外的更加丰富的信息。通过网络，学习者可以跨越时间和空间的限制，与教师进行实时或非实时的交流，从而大幅提高教学效率，真正打破了校园的限制。

第二节　常用的多媒体文件格式探究

（一）图形图像文件格式

1.BMP 文件

BMP（Bit Map）文件格式是 Windows 本身的位图文件格式。所谓本身，是指 Windows 内部存储位图即采用这种格式。一个 BMP 格式的文件通常有 BMP 的扩展名，但有一些是以 RLE 为扩展名的，RLE 的意思是行程长度编码，这样的文件意味着其使用的数据压缩方法是 BMP 格式文件支持的两种 RLE 方法中的一种。

BMP 文件可用每像素 1、4、8、16 或 24 位来编码颜色信息，这个位数称作图像的颜色深度，它决定了图像所含的最大颜色数。一幅 1 bpp（位每像素，bit per pixel）的图像只能有两种颜色，而一幅 24 bpp 的图像可以有超过 16 兆种不同的颜色。

　　下面以 256 色（也就是 8 bpp）位图为例，说明了一个典型 BMP 文件的结构。BMP 文件包含四个主要的部分：一个位图文件头，一个位图信息头，一个色表和位图数据本身。位图文件头包含关于这个位图文件的信息，如从哪里开始是位图数据的定位信息；位图信息头含有关于这幅图像的信息，如图像的宽度和高度（以像素为单位）；色表中图像颜色的 RGB 值。对显示卡来说，如果它不能一次显示超过 256 种颜色，则读取和显示 BMP 文件的程序能够把这些 RGB 值转换到显示卡的调色板来产生准确的颜色。

　　BMP 文件的位图数据格式依赖于编码每个像素颜色所用的位数。对于一个 256 色的图像来说，每个像素占用文件中位图数据部分的一个字节。像素的值不是 RGB 颜色值，而是文件中色表的一个索引。所以，在色表中如果第一个 R/G/B 值是 255/0/0，那么像素值为 0 表示它是鲜红色。像素值按从左到右的顺序存储，通常从最后一行开始。所以，在一个 256 色的文件中，位图数据中第一个字节就是图像左下角的像素的颜色索引，第二个就是它右边的那个像素的颜色索引。如果位图数据中每行的字节数是奇数，则要在每行都加一个附加的字节来调整位图数据边界为 16 位的整数倍。

　　并不是所有的 BMP 文件结构都像上面所述的那样，例如 16bpp 和 24bpp 文件就没有色表；像素值直接表示 RGB 值，另外，文件私有部分的内部存储格式也是可以变化的。例如，在 16 色和 256 色，BMP 文件中的位图数据采用 RLE 算法来压缩，这种算法用颜色加像素个数来取代一串颜色相同的序列，而且，Windows 还支持 OS/2（Operating System/2）下的 BMP 文件，尽管它使用了不同的位图信息头和色表格式。

2.PCX 文件

PCX 是在 PC 上成为位图文件存储标准的第一种图像文件格式。它最早出现在 Zsoft 公司的 Paintbrush 软件包中，在 20 世纪 80 年代早期授权给微软与其产品捆绑发行，而后转变为 Microsoft Paintbrush，并成为 Windows 的一部分。虽然使用这种格式的人在减少，但这种带有 .PCX 扩展名的文件在今天仍是十分常见的。

PCX 文件分为三部分：PCX 文件头、位图数据和一个可选的色表。文件头长达 128 个字节，分为几个域，包括图像的尺寸和每个像素颜色的编码位数。位图数据用一种简单的 RLE 算法压缩，最后的可选色表有 256 个 RGB 值。PCX 格式最初是为 CGA（Color Graphics Adapter，彩色图形适配器）和 EGA（Enhanced Graphics Adapter，增强型图形适配器）设计的，后来经过修改也支持 VGA 和真彩色显示卡，现在 PCX 图像可以用 1 bpp、4 bpp、8 bpp 或 24 pp 来对颜色数据进行编码。

3.TIFF 文件

PCX 格式是所有位图文件格式中最简单的，而 TIFF（Tagged Image File Format）则是最难的一种。

TIFF 文件含有 .TIF 的扩展名。它以 8 字节长的图像文件头开始（IFH），这个文件头中最重要的成员是一个指向名为图像文件目录（IFD）的数据结构的指针。IFD 是一个名为标记（tag）的用于区分一个或多个可变长度数据块的表，标记中含有关于图像的信息。TIFF 文件格式定义 70 多种不同类型的标记，有的用来存放以像素为单位的图像宽度和高度，有的用来存放色表（如果需要的话），当然还必须有用来存放位图数据的标记。一个 TIFF 格式的文件完全由它的标记所决定，而且这种文件结构极易扩展，因为在要附加一些特征时只需增加一些额外的标记。

尽管TIFF是那么的复杂，但仍是一种最好的跨平台格式。因为它非常灵活，无论在视觉上还是其他方面，都能把任何图像编码成二进制形式而不丢失任何属性。

4.GIF 文件

当许多图像方面的权威一想到 LZW 的时候，他们也会想到 GIF（Graphics Interchange Format），这是一种常用的跨平台的位图文件格式。GIF 文件通常带有 GIF 的扩展名。

GIF 文件的结构取决于它属于哪一个版本，目前的两种版本分别是 GIF87a 和GIF89a，前者较简单。无论是哪个版本，它都以一个长 13 字节的文件头开始，文件头中包含判定此文件是 GIF 文件的标记、版本号和其他一些信息。如果这个文件只有一幅图像，则文件头后紧跟一个全局色表来定义图像中的颜色。如果含有多幅图像（GIF 和 TIFF 格式一样，允许在一个文件里编码多个图像），那么全局色表就被各个图像自带的局部色表所替代。

在 GIF87a 文件中，文件头和全局色表之后是图像，它可能会是头尾相接的一串图像中的第一个。每个图像由三部分组成：一个 10 字节长的图像描述，一个可选的局部色表和位图数据。为有效利用空间，位图数据用 LZW 算法来压缩。

GIF89a 结构与 GIF87a 类似，但它还包括可选的扩展块用来存放每个图像的附加信息。GIF89a 详细定义了四种扩展块：图像控制扩展块，用来描述图像怎样被显示（例如，显示是应该像一个透明物去覆盖上一个图像，还是简单地替换它）；简单文本扩展块，包含显示在图像中的文本；注释扩展块，以ASCII文本形式存放注释；应用扩展块，存放生成该文件的应用程序的私有数据。这些扩展块可以出现在文件中全局色表的任何地方。

GIF最显著的优点是：使用广泛和紧密性。但它有两个缺陷：一个是用GIF格式存放的文件最多只能含有256种颜色；另一个可能更重要，就是那些使用了GIF格式的软件开发者必须征得CompuServe的同意，他们每卖出一个拷贝都要向CompuServe付版税。这个政策是CompuServe仿效Unisys公司做出的，它抑制了那些程序员在其图像应用程序中支持GIF文件。

5.PNG文件

PNG（Portable Network Graphic，发音作ping）文件格式是作为GIF的替代品开发的，它能够避免使用GIF文件所遇到的常见问题。它从GIF那里继承了许多特征，而且支持其彩色图像。更重要的是，在压缩位图数据时，它采用了一种颇受好评的LZ77算法的一个变种，LZ77则是LZW的前身，而且可以免费使用。由于篇幅所限，在这里就不花时间来具体讨论PNG格式了。

6.JPEG文件

JPEG文件格式由C-Cube Microsystems推出，是为了提供一种存储深度位像素的有效方法，例如对于照片扫描，其颜色很多而且差别细微（有时也不细微）。JPEG使用一种有损压缩算法，有损压缩虽然牺牲了一部分的图像数据（但这种损失很小以至于人们很难察觉），但可以得到较高的压缩率。无损压缩算法能在解压后准确再现压缩前的图像，但压缩率较低。

7.PSD、PDD文件

PSD、PDD是PhotoShop的专用图像文件格式。

8.EPS 文件

CorelDraw、FreeHand 等软件均支持 EPS 格式，它属于矢量图格式，输出质量非常高。

9.Targa 文件

Targa 文件格式简称 TGA 格式，是由 Truevision 公司设计的，可支持任意大小的图像。专业图形用户经常使用 TGA 点阵格式来保存具有真实感的三维有光源图像。

10.WMF 文件

WMF 文件只使用在 Windows 中，它实际上保存的不是点阵信息，而是函数调用信息。它将图像保存为一系列 GDI（图形设备接口）的函数调用，在恢复时，应用程序执行源文件（即执行一个个函数调用），在输出设备上画出图像。WMF 文件具有设备无关性、文件结构好等特点，但是解码复杂，其效率比较低。

随着计算机技术的继续发展，图形图像文件将不断地改进、完善，将来必定会出现更好的、效率更高的图形图像文件。

（二）音频文件格式

音频文件通常分为两类：声音文件和 MIDI 文件。声音文件指的是通过声音录入设备录制的原始声音，直接记录了真实声音的二进制采样数据，通常文件较大；而 MIDI 文件则是一种音乐演奏指令序列，相当于乐谱，可以利用声音输出设备或与计算机相连的电子乐器进行演奏，由于不包含声音数据，其文件尺寸较小。

1. 声音文件

数字音频同 CD 音乐一样，是将真实的数字信号保存起来，播放时通过声卡将信号恢复成悦耳的声音。然而，这样存储声音信息所产生的声音文件是相当庞大的，因此，绝大多数声音文件采用了不同的音频压缩算法，在基本保持声音质量不变的情况下尽可能获得较小的文件。

（1）Wave 文件

Wave 格式是 Microsoft 公司开发的一种声音文件格式，它符合 RIFF（Resource Interchange File Format）文件规范，用于保存 Windows 平台的音频信息资源，被 Windows 平台及其应用程序所广泛支持。Wave 格式支持 MSADPCM、CCITTA Law 和其他压缩算法，支持多种音频位数、采样频率和声道，是计算机上最为流行的声音文件格式，但其文件尺寸较大，多用于存储简短的声音片断，

（2）AIFF 文件

AIFF 是音频交换文件格式（Audio Interchange File Format）的英文缩写，是苹果公司开发的一种声音文件格式，被 Macintosh 平台及其应用程序所支持，Netscape Navigator 浏览器中的 Live Audio 也支持 AIFF 格式，SGI 及其他专业音频软件包也同样支持这种格式。AIFF 支持 ACE2、ACE8、MAC3 和 MAC6 压缩，支持 16 位 44.1kHz 立体声。

（3）Audio 文件

Audio 文件是 SunMicrosysiems 公司推出的一种经过压缩的数字声音格式，是 Internet 中常用的声音文件格式，Netscape Navigator 浏览器中的 Live Audio 也支持 Audio 格式的声音文件。

（4）Sound 文件

Sound 文件是 Next Computer 公司推出的数字声音文件格式，支持压缩。

（5）Voice 文件

Voice 文件是 Creative Labs（创新公司）开发的声音文件格式，多用于保存 Creative Sound Blaster（创新声霸）系列声卡所采集的声音数据，被 Windows 平台和 DOS 平台所支持，支持 CCITT ALaw 和 CCITT 从 Law 等压缩算法。

（6）MPEG 文件

这里的 MPEG 文件格式指的是 MPEG 标准中的音频部分，即 MPEG 音频层。MPEG 音频文件的压缩是一种有损压缩，根据压缩质量和编码复杂程度的不同可分为三层（MPEG AudioLayer1/2/3），分别对应 MP1、MP2 和 MP3 这三种声音文件。MPEG 音频编码具有很高的压缩率，MP1 和 MP2 的压缩率分别为 4：1 和 6：1~8：1，而 MP3 的压缩率则高达 10：1~12：1。也就是说，一分钟 CD 音质的音乐，未经压缩需要 10MB 存储空间，而经过 MP3 压缩编码后只有 1MB 左右，同时其音质基本保持不失真。因此，目前使用最多的是 MP3 文件格式。

（7）Real Audio 文件

Real Audio 文件是 Real Networks 公司开发的一种新型流式音频文件格式，它包含在 Real Networks 公司所制定的音频、视频压缩规范 Real Media 中，主要用于在低速率的广域网上实时传输音频信息。网络连接速率不同，则客户端所获得的声音质量也不尽相同：对于 14.4Kb/s 的网络连接，可获得调幅（AM）质量的音质；对于 28.8Kb/s 的连接，可以达到广播级的声音质量；如果拥有综合业务数字网或更快的线路连接，则可获得 CD 音质的声音。

2.MIDI 文件

MIDI 是乐器数字接口（Musical Instrument Digital Interface）的英文缩写，是数字音乐／电子合成乐器的统一国际标准。它定义了计算机音乐程序、合成器及其他电子设备交换音乐信号的方式，还规定了不同厂家的电子乐器与计算机连接的电缆和硬件及设备间数据传输的协议，可用于为不同乐器创建数字声音，可以模拟大提琴、小提琴、钢琴等常见乐器。

在 MIDI 文件中，只包含产生某种声音的指令，这些指令包括使用什么 MIDI 设备的音色、声音的强弱、声音持续多长时间等，计算机将这些指令发送给声卡，声卡按照指令将声音合成出来，MDI 声音在重放时可以有不同的效果，这取决于音乐合成器的质量。相对于保存真实采样数据的声音文件，MIDI 文件显得更加紧凑，其文件尺寸通常比声音文件小得多。

第三节　数据库的安全性

一、数据库安全性的含义

安全性是指数据库面对非法破坏行为的稳定性，避免造成信息资源的外露和丢失。非法行为是指不具有正规使用权限的用户非法访问数据库的信息。DBMS 系统通过设置各种限制程序，保护数据库资源的安全。安全防护墙的实用性是评价数据库安全性的重要指标。安全性涉及的问题包含许多方面，主要有：①社会伦理道德和法律法规等问题，如核查访问数据库的用户是否具有正规的使用权限；②空间安全问题，如计算机房是否要添加门锁等物理防护设施；

③制度问题，如明确数据的存取原则，设置访问权限；④数据库运行问题，如访问口令的使用方法；⑤物理配置的管控功能，如 CPU 是否具备阻挡外界破坏的功能；⑥操作设备的安全性能，如在计算机主设备或文件程序中使用过的信息，系统是否能够及时清除浏览内容；⑦数据库系统自身的安全性能。这里着重探讨数据库的安全性能和信息资源的保护功能，尤其是网络的访问流程。

二、数据库安全控制的一般方法

用户使用非法手段访问数据库系统的途径有很多种。例如：用户通过编写符合法律规定的程序，绕过 DBMS 模型及数据库的访问机制，直接进入数据库系统，进行信息资源的存取、改变或者数据备份等操作；通过制作访问程序，执行信息的非法存取操作，以貌似合法的途径检索数据库的重要信息。这种非法行为的性质难以确定，可能是故意为之，也可能是无意之举，或者是一起恶意行为。数据库的安全保障就是要尽全力避免一切非法访问和信息的存取，无论入侵性质的好坏，都要坚决杜绝。

事实上，安全保障问题并不是数据库所特有的，而是计算机信息系统中普遍存在的问题。数据库的性质特殊，它包含大量的重要数据信息，是全民共享的平台，所以安全性的问题尤为重要。因此在大多数数据库中，安全关卡是层层排布的。

在防护关卡中，计算机要求用户展示出正规的访问标识，只有通过计算机的常规核实，才能正常访问数据库系统；只有具备合理合法的权限，才能正常使用数据库系统。此外，还应该进一步细化访问权限，对于已经进入数据库的用户，DBMS 还应该针对数据的存取空间设立限制，给予合法的用户使用权利。

数据库每一层级都应该具备独立的安全保障，可以通过设置密码的形式保证数据信息的安全。参照科学、规范的书籍，制定切实有效的防护措施。

（一）用户标识和鉴定

用户标识和权利的鉴定是独立于数据库系统之外的防护措施。只有通过DBMS系统成功注册个人信息的用户，才具备访问数据库的权限，具有存取数据信息的权利。根据个人信息的差异，每个用户注册后所获得的标识也不相同。它是用户进入数据库系统的钥匙和身份象征，用户凭借自己独特的标识访问数据库系统。数据库中存有各个用户的身份标识，在用户访问数据库系统时，系统将用户提供的信息与数据库内储存的信息进行核验，验证通过后才具有访问权利。核验用户信息的方法有很多种，大多数情况下是多种核验方式并行，从而加强安全保障。

用户基本信息的识别往往通过用户名称或特殊标识来辨别，数据库系统结合用户的信息记录，核验用户信息的真实性：如果通过鉴定，可以进入下一步的核查；如果未能通过，则不能使用数据库系统。数据库核查用户身份的方式通常是用户输入口令，数据库系统通过口令来鉴别用户的身份。为了保证数据信息的安全性，访问口令通常由用户个人设定，可以随时更改个人信息。口令是以"火"的形式表示，防止访问口令被他人恶意窃取。

通过个人信息和访问指令来核查用户的身份较为简单、实用，但网络信息存在一定的安全隐患，因为这些信息和指令容易被他人窃取，所以可以使用更加复杂的核查方式来确定用户的身份，如利用用户的个人特征。用户的个人特征包括指纹、签名等。这些鉴别方法效果不错，但需要特殊的鉴别装置。此外，还可以通过回答对随机数的运算结果表明用户身份。通常的做法是，数据库用户事先预约访问的逻辑流程和函数，在系统核查身份的时候，数据库给出任意一函数，用户通过预约好的逻辑程序和计算函数进行数据计算分析，由系统判断用户计算结果正确与否，从而确定用户的身份。例如，算法为"输出结果 = 随机数平方的后两位"；出现随机数 48，则用户身份识别码为 64。

用户标识和鉴定可以重复多次，用户的信息和身份也可以进行多次核查。

（二）存取控制

通过核查用户的个人信息和身份来确定该用户的合法权益，但每个用户的使用权限是有一定差异的。在数据库运行过程中，为了确保用户的使用权限，需要提前针对用户进行权限范围的设定，使用户在权限范围内存取数据。存取权限包含两个因素，分别为数据对象和操作类型。所以，使用权限就是用户可以针对某些数据对象行使一定的逻辑操作。这种使用权限在数据库系统中被称为授权。这些权限经过系统的核查后被存放在数据库中，用户在成功进入数据库系统后，需要进行使用权限的核查，由 DBMS 模型检索数据库中授权信息，根据数据记录核查用户存取权限的真实性，如果用户未能通过记录信息的核查，将不能进行下一步操作。以上就是数据库使用权限。

在关系系统中，数据库管理员可以把建立、修改基本表的权限授予用户，用户一旦获得此权限后，可自行设立和改变基本信息，还能建立数据信息的检索和搜索版图。所以，数据库中使用权限的面向范围不只包括数据对象，还包括数据本身和其他信息的特征，以及模式、外模式、内模式等数据字典中的内容。

数据库的安全系统进一步划分为子系统，由授权逻辑程序和相关鉴定检查机制组成。

评价授权逻辑程序和鉴定检查机制合理与否的关键在于授权粒度，也就是针对的数据对象范围。授权逻辑程序面向的数据对象越繁杂，可以利用的数据对象就越少，数据库子系统使用就越可行。

在数据库系统中，以数据结构来表示各个实体之间的联系，表格可以细致划分为行和列，这些元素都是数据库系统中的授权逻辑程序和鉴定检查机制的内容。

授权粒度复杂的数据表格，从一定程度上来说，只能限制部分关系授权。

精细的授权表则可以对属性列权，如端设备号、系统时钟等，就是与时间、地点有关的存取权限，这样用户只能在某时间内、某台终端上存取有关数据。

由此可见，授权粒度越细，授权子系统就越灵活，能够提供的安全性就越完善。另外，因数据字典变大、变复杂，系统定义与检查权限的开销也会相应地增大。

DBMS 一般都提供了存取控制语句进行存取权限的定义。例如，前面介绍的 SQL 语言就提供了 GRANT 和 REVOKE 语句实现授权和收回授权。

（三）视图机制

监管用户使用权限的方法有很多，如授权逻辑程序和访问权限的鉴定，借助外层安全性能来实时监管数据库的稳定性等。在数据库关系结构中，结合用户的信息和特征设定各异的视图，从而将这些重要信息保护起来，只对有访问权限的用户开放，禁止其他用户使用。但视图更为关键的作用在于维持信息的独立性，数据库的安全性水平有待提高，不符合数据库系统的要求，所以在实际的安全核查过程中，将视图和授权逻辑等多种机制联合使用，可以进一步为数据库的运行提供保障。

（四）审计

鉴定、核查用户的个人信息和身份，设置访问权限，建立视图监管机制等一系列安全保障都带有强制性意味，即通过强制手段将用户的权限限定在有限的范围内。但每种安全系统的稳定性都是不确定的，涉及的影响因素较多，总会给非法用户留有可乘之机。针对重要的保密性信息资源，应该加以其他核查手段进行安全防护。数据审计就是一种科学的监管机制，能够实时追踪用户的访问路径。

审计能够自动将用户的访问路径及信息记录下来，存储在特殊的位置，即审计日志文件中。记录的内容大致分为以下几类：用户查询、修改信息的操作，路径标识和用户的信息，访问时间和日期，访问的信息类型，如表格、视图、信息记载及文本属性等。

利用这些信息，可以重现导致数据库现有状况的一系列事件，以进一步找出非法存取数据的人、时间和内容等。

审计功能一般用于安全性要求较高的部门。审计通常是很费时间和空间的，所以 DBS 往往都针对这一特征进行挑选，结合数据库安全性的要求，灵活运用审计机制。例如，可以借助特殊的逻辑程序使用审计手段，针对表格的访问、修改、增减等行为都做实时的跟踪记录。

（五）数据加密

针对较为重要、隐秘的信息，如经济信息、军事信息、国家机关的重要文件，除了要添加基本的保护措施外，还要增添更为实用的保护措施，可以用数据加密技术通过密钥的形式来限制访问的权力，从而将试图采用非法手段进入数据库系统的用户拒之门外，避免人们恶意攻击数据库系统的安全防护网络，杜绝破坏和窃取数据信息行为的发生。通过非法手段进入数据库的用户，只能看到部分难以识别的逻辑代码。正规用户访问数据库系统，需要先通过密钥破译关卡，才能获得使用权限。

在数据库中增添密钥和逻辑函数是避免数据库中主要信息资源丢失的主要手段。增添密钥和逻辑函数的思路是将基本信息转变为不能直接检索的形式，只能供给具有密钥信息的用户使用，其他用户不能访问这一数据库信息。添加密钥和逻辑函数的方法主要有以下两种。

1. 替换方法

该方法是使用密钥中的特殊字符替换明文中的数据信息。

2. 置换方法

该方法只是将明文中的字符信息打乱，进行重新排布。

单一使用其中某一种方法，是不能加强数据库系统的安全性的。但将两种方法联合起来，就能够增强系统的安全性。

当前，大多数数据库系统都设置了加密程序，可以结合用户的实际需求，自动为数据信息流通路径增添保护程序。部分数据库系统并未添加加密程序，但提供了联系接口，允许用户使用其他程序增强安全性。

每个加密程序都会对应相应的解密程序。解密程序也需要具备完善的安全保护机制，否则会影响加密程序的有效运作。

加密和解密过程较浪费时间，是相对烦琐的逻辑程序，而且数据加密与解密过程会占用大量系统资源，因此数据加密功能通常作为可选项，允许用户自由选择，只对高度机密的数据加密。

第四章 计算机网络体系结构与协议

第一节 概述

一、网络协议的概念

从通信的硬件设备来看，只要有终端、信道和交换设备，就能够使两个用户在硬件上建立起连接。但是要顺利地进行信息交换，或者说让通信网正常运转，仅有这些是不够的。为了保证通信正常进行，必须事先做一些规定，而且通信双方要正确执行这些规定。同时，只有通信双方在这些规定上达成一致，彼此才能够互相"理解"，从而确保通信的正常进行。这种通信双方必须遵守的规则和约定称为协议或规程。

协议的要素包括语法、语义和时序关系。语法规定通信双方"如何讲"，即确定数据格式、数据码型和信号电平等；语义规定通信双方"讲什么"，即确定协议元素的类型，如规定通信双方要发出什么控制信息、执行什么动作和返回什么应答等；时序关系则规定事件执行的顺序，即确定数据通信过程中通信状态的变化，如规定正确的应答关系等。

二、分层的思想

数据通信中从底层信号的编码一直到完整的数据分组的交换不仅技术十分复杂，涉及面很广，而且很难在一个协议中完成所有功能。因此在制定协议时经常采用的思路是将复杂的数据通信功能由若干协议分别完成，然后将这些协议按照一定的方式组织起来，最典型的是采用分层的方式来组织协议。分层的核心思路是上一层的功能建立在下一层的功能基础上，并且在每一层内均要遵守一定的通信规则。在计算机网络中，按照分层的思想进行研究，具有以下几点好处。

（1）各层次之间可相互独立。高层不需要了解低层的工作机制、使用设备和技术细节，只需知道低层通过接口提供哪些服务。每一层都有一套清晰明确的功能和任务，这些功能和任务相对独立。这样就可以把复杂的网络问题分解成一层一层简单的模块，只要每个层次模块的问题解决了，整个网络的问题就解决了。

（2）有较强的灵活性，便于实现和维护。计算机网络是一个复杂系统，如果按照整体进行规划和设计，需要考虑得非常周到，这一点是很难做到的。而进行了层次划分后，网络被分解为若干个更容易处理的部分，相关的理论研究、技术设计和产品制造就可以集中在某个更具体的领域，这样会更加有利于新技术和新产品的发展；并且当某个层次的技术发生变化时，不会影响网络的其他层次。

（3）分层的思想有利于标准化。由于对某一层次的功能和服务进行了明确的界定，就可以围绕这些确定的功能和服务制定相应的标准。

人们现在所使用的计算机网络就是按层次结构进行划分的，每一层都对上一层提供一定的服务，相邻的层次之间都要有一个接口（Interface），接口定义了下层向上层提供的命令和服务，相邻两个层次之间通过接口进行数据交换。网络中的每个层中都有产生和接收数据的元素，称为实体。实体可以是软件，如应用程序或进程等，也可以是硬件，如各种智能芯片。不同通信结点上同一层次中的实体构成了通信的双方，称为对等实体。对等实体之间的通信遵从了所在层次的相关协议，在实际通信过程中，除了最底层的物理介质，其他层次的对等实体是无法直接通信的，必须将要通信的数据及控制信息一层层地向下传递，最终到达物理传输介质，才能实现对等实体间的通信。

三、网络体系结构

层次和协议的集合构成了网络的体系结构。体系结构研究的是网络系统各部分的组成及其相互关系。完整的体系结构应该包括整个计算机网络的逻辑组成和功能分配，定义和描述了用于计算机及其通信设施之间互联的标准和规范的集合，以便在统一的原则指导下进行计算机网络的设计、构造、使用和维护。一种体系结构应当具有足够的信息，以允许软件设计人员给每个层次编写实现该层协议的有关程序，即通信软件。早期许多计算机制造商开发了自己的通信网络体系结构，例如，IBM 公司从 20 世纪 60 年代后期开始开发了系统网络体系结构，并于 1974 年宣布了 SNA 及其产品；数字设备公司（DEC）也发展了自己的网络体系结构。各种通信体系结构的发展增强了系统成员之间的通信能力，但是，同时也产生了不同厂家之间的通信障碍，因此迫切需要制定全世界统一的网络体系结构标准。目前，典型的层次化体系结构有 OSI 参考模型和 TCP/IP 参考模型两种。

第二节 OSI参考模型

1984 年，负责制定国际标准的国际标准化组织吸取了 IBM 的 SNA 和其他计算机厂商的网络体系结构，提出了开放系统互连参考模型（OSI/RM），简称 OSI 模型。所谓开放，是指按照这个标准设计和建成的数据通信网中的设备都可以互相通信。

一、OSI 参考模型各层的功能

OSI 参考模型采用分层结构化技术，将整个网络的通信功能分为 7 层，由低层至高层分别是物理层、数据链路层、网络层、传输层（运输层）、会话层、表示层和应用层。每一层都有特定的功能，并且上一层利用下一层的功能所提供的服务。在 OSI 参考模型中，各层的数据并不是从一端的第 N 层直接送到另一端的对应层，第 N 层接收第 N+1 层的协议数据单元（PDU），按第 N 层协议进行封装，构成第 N 层 PDU，再通过层间接口传递给第 N-1 层……最后，数据链路层 PDU（通常称为数据帧）传递给最底层的物理层。物理层数据在垂直的层次中自上而下地逐层传递，直至物理层，在物理层的两个端点进行物理通信，这种通信称为实通信。由于对等实体通信并不是直接进行，因而称为虚拟通信。终端设备，中间系统（比如路由器）通常只实现物理层、数据链路层和网络层的功能。因此，OSI 参考模型的物理层、数据链路层和网络层称为结点到结点层，传输层、会话层、表示层和应用层称为端到端层。

1. 物理层

物理层的主要功能是在传输介质上实现无结构比特流传输。所谓无结构的比特流，是指不关心比特流实际代表的信息内容，只关心如何将 0 和 1 这些比特以合适的信号传送到目的地，因此，物理层要实现信号编码功能。物理层的另一项主要任务就是规定数据终端设备（DTE）与数据通信设备（DCE）之间接口的相关特性，主要包括机械、电气、功能和规程四个方面特性。机械特性也称物理特性，用于说明硬件连接接口的机械特点，如接口的形状、尺寸、插脚的数量和排列方式等；电气特性规定了在物理连接上，导线的电气连接及有关电路的特性，如信号的电平大小、接收器和发送器电路特性的说明、信号的识别，以及最大传输速率的说明等；功能特性用于说明物理接口各条信号线的用途，如接口信号线的功能分类等；规程特性指明利用接口传输比特流的全过程及各项用于传输的事件发生的合法顺序，包括事件的执行顺序和数据传输方式，即在物理连接建立、维持和交换信息时，收发双方在各自电路上的动作序列。这些功能都是由物理层的协议来完成的。典型的物理层协议包括 RS-232、RS-449 以及其他网络通信标准中有关物理层的协议等。

2. 数据链路层

数据链路层的主要功能是实现在相邻结点之间的数据可靠而有效地传输。数据在物理传输介质的传输过程中，不能保证没有任何错误发生。为了能实现有效的差错控制，就采用了一种以"帧"为单位的数据块传输方式。要采用帧格式传输，就必须有相应的帧同步技术，这就是数据链路层的"成帧"（也称为"帧同步"）功能，包括定义帧的格式、类型和成帧的方法等。有了"帧"的存在，就可以将之前介绍的差错控制技术应用在数据帧中，例如，在数据码后面附加一定位数的循环码，从而实现数据链路层的差错控制功能。数据链路层还可以实现相邻结点间通信的流量控制。某些数据通信网络的数据链路层还提供连接管理功能，即通信前建立数据链路，通信结束后释放数据链路，这种数据链路的建立、维持和释放过程称为链路管理。数据链路层的另一个重要功能是寻址，即用来确保每一帧都能准确地传送到正确的接收方，接收方也应该知道发送方的地址，这在使用广播介质的网络中尤为重要，比如计算机局域网中广泛采用 MAC 地址。

3. 网络层

网络层解决的核心问题是如何将分组通过交换网络传送至目的主机，因此，网络层的主要功能是数据转发与路由。在交换网络中，信息从源结点出发，要经过若干个中继结点的存储转发后，才能到达目的结点。这样一个包括源结点、中继结点和目的结点的集合称为从源结点到目的结点的路径。一般在两个结点之间都会有多条路径选择，这种路由选择是网络层要完成的主要功能之一。当网络设备，比如路由器，从一个接口收到数据分组时，需要根据已掌握的路由信息将它转发到合适的接口向下一个结点发送，直至送达目的结点。此外，网络层还要对进入交换网络的通信量加以控制，以避免通信量过大造成交换网络性能的下降。当然，和数据链路层类似，网络层也要具备寻址功能，确保分组可以被正确传输到目的主机，比如因特网中的 IP 地址。

4. 传输层

传输层是第一个端到端的层次，也是进程—进程的层次。数据的通信从表面上看是在两台主机之间进行，但实质上是发生在两个主机上的进程之间。OSI 参考模型的前 3 层（自下而上）可组成公共网络，被很多设备共享，并且计算机—结点机、结点机—结点机是按照"接力"方式传送的。为了防止传送途中报文的丢失，两个主机的进程之间需要实现端到端控制。因此，传输层的功能主要包括复用／解复用（区分发送和接收主机上的进程）、端到端的可靠数据传输、连接控制、流量控制和拥塞控制机制等。

5. 会话层

会话层是指用户与用户的连接，它通过在两台计算机间建立、管理和终止通信来完成对话。会话层的主要功能是：在建立会话时核实双方身份是否有权参加会话；确定哪方支付通信费用；双方在各种选择功能方面（如全双工还是半双工通信）取得一致；在会话建立以后，需要对进程间的对话进行管理与控制。例如，对话过程中某个环节出了故障，会话层在可能条件下必须保存这个对话的数据，使数据不丢失，如不能保留，那么终止这个对话，并重新开始。在实际的网络中，会话层的功能已经被应用层所覆盖，很少单独存在。

6. 表示层

表示层主要用于处理应用实体间交换数据的语法，其目的是解决格式和数据表示的差别，从而为应用层提供一个一致的数据格式，从而使字符、格式等有差异的设备之间相互通信。除此之外，表示层还可以实现文本压缩／解压缩、数据加密／解密和字符编码的转换等功能。这一层的功能在某些实际数据通信网络中也是由应用层实现的，表示层也不独立存在。

7. 应用层

应用层与提供给用户的网络服务相关，这些服务非常丰富，包括文件传送、电子邮件和 P2P 应用等。应用层为用户提供了一个应用网络通信的接口。

OSI 参考模型的 7 层中，1~3 层主要完成数据交换和数据传输，称为网络低层，即通信子网；5~7 层主要完成信息处理服务功能，称为网络高层；低层与高层之间由第 4 层衔接。

二、分层体系结构与网络协议

在计算机网络中，每一台连接到网上的计算机都是网络拓扑中的一个节点。为了正确地传输、交换信息，必须有一定的规则，通常把在网络中传输、交换信息而建立的规则、标准和约定统称为网络协议。网络协议包括以下 3 个要素：

（1）语法。语法规定协议元素（数据、控制信息）的格式。

（2）语义。语义规定通信双方如何操作。

（3）同步。同步规定实现通信的顺序、速率适配及排序。

由此可见，网络协议是计算机网络体系结构中不可缺少的组成部分。计算机网络包含的内容相当复杂，如何将复杂的问题分解为若干个既简明又有利于处理的问题？实践表明，采用网络的分层结构最为有效。计算机通信的网络体系结构实际上就是结构化的功能分层和通信协议的集合。

采用分层设计的好处主要有以下 5 点：

（1）各层之间相互独立。某一层并不需要知道它的下一层是如何实现的，而仅仅需要知道该层的接口（界面）所提供的服务。由于每一层只实现一种相对独立的功能，因而可将一个难以处理的复杂问题分解为若干个较容易处理的更小的问题。这样，整个问题的复杂性就下降了。

（2）灵活性好。当任何一层发生变化时（例如技术的变化），只要层间接口关系保持不变，则在这层以上或以下的各层均不受影响。

（3）各层都可以采用最合适的技术来实现。

（4）易于实现和维护。这种结构使实现和调试一个庞大而复杂的系统变得易于处理，因为整个系统已被分解为若干个相对独立的子系统。

（5）有利于促进标准化。因为每一层的功能及其所提供的服务都已有了明确的说明。

分层设计的方法是开发网络体系结构的一种有效技术，一般而言，分层应当遵循以下几个主要原则：

（1）设置合理的层数，每一层应当实现一个定义明确的功能。

（2）确保灵活性。某一层技术上的变化，只要接口关系保持不变，就不应影响其他层次。

（3）有利于促进标准化。由于采用分层结构，每一层功能及提供的服务可规范执行，层间边界的信息流通量应尽可能少。

（4）为了满足各种通信业务的需要，在一层内可形成若干子层，也可以合并或取消某层。

第三节　TCP/IP参考模型

OSI 参考模型更多的是一种理论上的体系结构，是目前主要用于学习网络和讨论网络的一种工具。在实际数据通信网络中，作为因特网体系结构的 TCP/IP 参考模型则具有更现实的意义。

一、TCP/IP 的产生

在互联网的前身——ARPANET 产生运作之初，连接在网络上的计算机并不多，大部分计算机互不兼容，在一台计算机上完成的工作很难拿到另一台计算机上去用，因此要想让硬件和软件都不一样的计算机联网是非常困难的事情。在这种背景下，当时的研究人员开始致力于建立一套大家能共同遵守的标准，可以使不同的计算机按照一定的规则进行信息的交流，从而实现资源的共享。

1978 年年初，研究小组提出将 TCP 中用于处理信息路径选择的那部分功能分离出来，形成单独的互联网协议，简称 IP。1978 年，TCP 正式变为 TCP/IP。在 TCP/IP 中，TCP 负责发现传输的问题，一有问题就发出信号，要求重新传输，直到所有数据安全正确地传输到目的地。而 IP 是给互联网的每一台计算机规定一个地址，从而能让数据进行准确地传递。1983 年 1 月 1 日，长期运行的 NCP 被停止使用，TCP/IP 作为互联网上所有主机间的共同协议开始运行，从此以后，TCP/IP 作为一种必须遵守的规则被肯定和应用。

二、TCP/IP 参考模型及功能介绍

TCP/IP 参考模型包括 4 层，通常每一层封装的数据包采用不同的名称。下面介绍 TCP/IP 参考模型各层的主要功能及协议。

1. 应用层

TCP/IP 参考模型将 OSI 参考模型中的会话层和表示层的功能合并到了应用层来实现。互联网上常见的一些应用大多在这一层，用户通过应用层来使用互联网提供的各种服务，例如，WWW 服务、文件传输和电子邮件等。每一种

应用都使用了相应的协议来将用户的数据（网页、文件和电子邮件等）使用协议定义的格式进行封装，以便达到对应的控制功能，然后再利用下一层即传输层的协议进行传输，例如，WWW 服务的应用层协议为 HTTP、文件传输的应用层协议为 FTP、电子邮件的应用层协议包括 SMTP 和 POP3 等。每一个应用层协议一般都会使用下列两个传输层协议之一进行数据传输：面向连接的传输控制协议（TCP）和无连接的用户数据报协议（UDP）。

2. 传输层

当应用层的程序将用户数据按照特定应用层协议封装好后，接下来就由传输层的协议负责把这些数据传输到接收方主机上对等的应用层程序。传输层协议为运行在不同主机上的进程提供了一种逻辑通信机制，之所以称为逻辑通信，是因为两个进程之间的通信就像所在的两个主机存在直接连接一样。其实，两个主机可能相距很远，两者的物理连接可能经过了多个交换机 / 路由器，传输路径可能由不同类型的物理链路组成。利用这种逻辑通信机制，两个进程可以不用考虑两者之间的物理连接方式而实现发送 / 接收消息。传输层协议可以解决（如果需要）诸如端到端可靠性、保证数据按照正确的顺序到达等问题。实际上，传输层负责在网络层和应用层之间传递消息，基本不会涉及消息如何在网络中传输，这个任务交给下面的网络互联层去解决。TCP/IP 参考模型的传输层主要包括面向连接、提供可靠数据流传输的传输控制协议（TCP）和无连接、不提供可靠数据传输的用户数据报协议（UDP）。

3. 网络互联层

网络互联层是整个 TCP/IP 参考模型的核心，主要解决把数据分组发往目的网络或主机的问题。在这个过程中，要为分组的传输选择相应的路径（路由选择），完成分组的转发，提供网络层寻址——IP 地址。网络互联层除了需要完成路由的功能外，也可以完成将不同类型的网络（异构网）互联的任务。在 TCP/IP 参考模型中，网络互联层的核心协议是 IP，负责定义分组的格式和传输。IP 是无连接不可靠网络协议，因此，IP 分组到达的顺序和发送的顺序可能不同，并且可能存在分组丢失现象。网络互联层还包括互联网控制报文协议（ICMP）、互联网多播组管理协议（IGMP），以及路由协议，如 BGP、OSPF 和 RIP 等。

4. 网络接口层

实际上 TCP/IP 参考模型没有真正描述这一层的实现，只是要求能够提供给其上层——网络互联层一个访问接口，以便在其上传递 IP 分组。由于这一层次未被定义，所以其具体的实现方法将随着网络类型的不同而不同。实际上，这一层包括 OSI 参考模型中的数据链路层和物理层，不同网络类型将上层的 IP 分组封装到数据帧中，实现有关的域路控制功能，最终以比特流的形式在不同的传输介质上进行传输。

在实际的数据通信过程中，用户的数据在应用层以报文的形式开始向下一层进行封装，形成段、数据报、帧，最后以比特流的形式进行传输。在中间结点处，例如路由器、交换机等，分别从对应的数据报、帧中取出并对相应的路由、地址信息进行处理，送达目的主机后由下层到上层开始逐层处理，并去掉相应的头部信息，最终还原为最初的报文。

第五章 物联网与现代通信技术

第一节 物联网基础知识

提到物联网，可能还会有不少人感到陌生，事实上它已经走入了我们的生活，在我们的身边有许多物联网应用的案例，比如，ETC（Electronic Toll Collection）电子收费系统、智能家居、乘车用的公交卡、小区门禁、校园一卡通等，这些都是典型的物联网应用的案例。

一、物联网概述

1. 什么是物联网

物联网是当今互联网的高频度热词，其定义为：通过射频识别、红外感应器、全球定位系统、激光扫描器等信息传感设备，按约定的协议，把任何物品与互联网连接起来，进行信息交换和通信，以实现智能识别、定位、跟踪、监控和管理的一种网络。

其广义的定义就是实现全社会生态系统的智能化，实现所有物品的智能化识别和管理。我们可以在任何时间、任何地点实现与任何物的连接。

物联网被认为是继"个人计算机"和"网络通信"之后的第三次信息化浪潮。

物联网的发展必将对世界各国的政治、经济、社会、文化、军事产生更加深刻的影响，在未来 10~20 年将有可能改变国家力量的对比态势。

2. 物联网的主要特点

全面感知、可靠传输与智能处理是物联网的三个显著特点。物联网与互联网、通信网相比有所不同，虽然都是能够按照特定的协议建立连接的应用网络，但物联网在应用范围、网络传输以及功能实现等方面都比现有的网络要明显增强，其中最显著的特点是感知范围扩大以及应用的智能化。

（1）全面感知

物联网连接的是物，需要能够感知物，并赋予物智能，从而实现对物的感知。物联网利用射频识别、二维码、传感器等感知、捕获、测量技术随时随地对物体进行信息采集和获取，每个数据采集设备都是一个信息源，因此信息源是多样化的；另外，不同设备采集到的物品信息的内容和数据格式也是多样化的，如传感器可能是温度传感器、湿度传感器或浓度传感器，不同传感器传递的信息内容和格式会存在差异。

物联网的感知层能够全面感知语音、图像、温度、湿度等信息并向上层传送。

（2）可靠传输

物联网通过前端感知层收集各类信息，还需要通过可靠的传输网络将感知到的各种信息进行实时传输，当然，在信息传输过程中，为了保障数据的正确性和及时性，必须适应各种异构网络和协议。

（3）智能处理

对于收集信息的处理，互联网等网络在这个过程中仍然扮演重要的角色，利用各种智能计算技术，如机器学习、数据挖掘、云计算、专家系统等，结合无线移动通信技术，构成虚拟网络，及时对海量的数据进行分析和处理，真正地达到了人与物、物与物的沟通，实现智能化管理和控制的目的。

二、物联网体系结构与关键技术

1.物联网的体系结构

关于物联网的体系结构，目前业界普遍可以接受的是三层体系结构，从下到上依次是感知层、网络层和应用层。

（1）感知层：全面感知，无处不在

感知层是物联网体系结构中最基础的一层，主要完成对物体的识别和对数据的采集工作。在信息系统发展早期，大多数的物体识别或数据采集都是采用手工录入方式，这种方式不仅数据量和劳动量十分庞大，错误率也非常高。自动识别技术的出现，在全球范围内得到迅速的发展，它解决了键盘输入带来的缺陷，相继出现了条码识别技术、光学字符识别技术、卡识别技术、生物识别技术和射频识别技术。

现以大型超市收银系统使用的条码识别技术为例进行说明。收银员通过扫描枪扫一下商品外包装上的条码，系统就能准确地知道顾客所购物品是什么。结合传感技术发展，我们不仅可以知道物品是什么，还能知道它处在什么环境下，如温度、湿度等。如今，许多科学家在研究将自动识别技术与传感技术相结合，让物体具备自主发言能力，通过识别设备，物体就会自动告诉人们：它是什么，在哪个位置，当前温度是多少，压力是多少等一系列数据。

具体来说，感知层涉及的信息采集技术主要包括传感器、RFID（Radio Frequency Identification，射频识别）、多媒体信息采集、MEMS（Micro - Electro - Mechanical System，微机电系统）、条码和实时定位等技术。

感知层的组网通信技术主要实现传感器、RFID 等数据采集技术所获取数据的短距离传输、自组织组网。

感知层传输技术包括有线和无线方式，有线方式包括现场总线、M-BUS 总线、开关量、PSTN 等传输技术；无线方式包括射频识别技术（RFID）、红外感应、Wi-Fi、GMS 短信、ZigBee、超宽频、近场通信、WiMedia、GPS、DECT、无线 IEEE1394 和专用无线系统等传输技术。

（2）网络层：智慧连接，无所不容

网络层利用各种接入及传输设备将感知到的信息进行传送。这些信息可以在现有的电网、有线电视网、互联网、移动通信网及其他专用网中传送。因此，这些已建成及在建的通信网络即物联网的网络层。

网络层涉及不同的网络传输协议的互通、自组织通信等多种网络技术，此外还涉及资源和存储管理技术。现阶段的网络层技术基本能够满足物联网数据传输的需要，未来要针对物联网新的需求进行网络层技术优化。

（3）应用层：广泛应用，无所不能

应用层好比是人的大脑，它将收集的信息进行处理，并做出"反应"。应用层通过处理感知数据，为用户提供丰富的服务。应用层主要包括物联网应用支撑子层和物联网应用子层，其中物联网应用支撑子层技术包括支撑跨行业、跨应用、跨系统之间的信息协同、共享、互通，包括基于 SOA（Service - Oriented Architecture，面向服务的架构）的中间件技术，信息开发平台技术、云计算平台技术和服务支持技术等。物联网应用子层包括智能交通、智能医疗、智能家居、智能物流、智能电子和工业控制等应用技术。

由于应用层与实际的行业需求相结合，这就要求物联网与很多行业专业技术相融合。

2. 物联网自主体系结构

为适应与异构的物联网无线通信环境需要，Guy Pujolle 提出了一种采用自主通信技术的物联网自主体系结构。

物联网研究人员建议，物联网体系结构在设计时应该遵循以下 6 条原则：

（1）多样性原则

物联网体系结构必须根据物联网节点类型的不同，分成多种类型的体系结构，建立唯一的标准体系结构是没有必要的。

（2）时空性原则

物联网正在发展之中，其体系结构必须能够满足物联网的时间、空间和能源方面的需求。

（3）互联性原则

物联网体系结构必须能够平滑地与互联网连接。

（4）安全性原则

物物互联之后，物联网的安全性将比计算机互联网的安全性更为重要，物联网体系结构必须能够防御大范围内的网络攻击。

（5）扩展性原则

对于物联网体系结构的架构，应该具有一定的扩展性，以便最大限度地利用现有网络通信基础设施，保护已投资利益。

（6）健壮性原则

物联网体系结构必须具备健壮性和可靠性。

3.物联网关键技术

物联网各个层面相互关联，每个层面都有很多技术支持，并且随着科技发展将不断涌现出新技术。每个层面都有其相对的关键技术，掌握这些关键技术及相互关系，会更好地促进物联网的发展。

（1）感知层——感知与识别技术

感知和识别技术是物联网的基础，是联系物理世界和信息世界的桥梁。在我们生活中已有一些成熟的自动识别技术，比如：条形码技术、IC 卡技术、语音识别技术、虹膜识别技术、指纹识别技术和人脸识别技术等。

1）射频识别（RFID）技术。作为非接触射频识别技术，正是因为 RFID 与互联网的结合使得物联网的诞生成为可能。

在感知层的四大感知技术中，RFID 居于首位，是物联网的核心技术之一。它是由电子标签和读写器组成的。当带有电子标签的物品通过读卡器时，标签被读写器激活并通过无线电波将标签中携带的信息传送到读写器中，读写器接收信息，完成信息的采集工作，然后将采集到的信息通过管理设备和应用程序传送至中心计算机进行集中处理。

2）传感技术。如果将 RFID 比喻成物联网的眼睛，那么传感器就好比是物联网的皮肤。利用 RFID 实现对物体的标识，而利用传感器则可以实现对物体状态的把握。具体来说，传感器就是能够感知采集外界信息，如温度、湿度、照度等，并将其转化成电信号传送给物联网的"大脑"。

目前,市场上的传感器种类很多,它们主要用于满足不同的应用需求。例如,温度传感器、压力传感器、位移传感器、速度传感器、加速度传感器等。

3)激光扫描技术。除了 RFID 及传感器以外,激光扫描技术也很常见。目前应用最广泛的是条码扫描,条码又分为一维码和二维码。

4)定位技术。全球卫星定位技术(GPS)也是重要的感知技术之一。利用全球卫星导航定位卫星,在全球范围内实时定位、导航的系统,称为全球卫星定位系统。

(2)网络层通信与网络技术

网络层位于物联网三层结构中的第二层,其功能为“传送”,即通过通信网络进行信息传输。网络层作为纽带连接着感知层和应用层,它由各种私有网络、互联网、有线和无线通信网等组成,相当于人的神经中枢系统,负责将感知层获取的信息,安全可靠地传输到应用层,然后根据不同的应用需求进行信息处理。

物联网网络层包含接入网和传输网,分别实现接入功能和传输功能。传输网由公网与专网组成,典型传输网络包括电信网(固网、移动通信网)、广电网、互联网、电力通信网、专用网(数字集群);接入网包括光纤接入、无线接入、以太网接入、卫星接入等各类接入方式,实现底层的传感器网络、RFID 网络“最后一公里”的接入。

物联网的网络层基本上综合了已有的全部网络形式,用以构建更加广泛的“互联”。每种网络都有自己的特点和应用场景,互相组合才能发挥出最大的作用,因此在实际应用中,信息往往经由任何一种网络或几种网络组合的形式进行传输。

而由于物联网的网络层承担着巨大的数据量，并且面临更高的服务质量要求，物联网需要对现有网络进行融合和扩展，利用新技术以实现更加广泛和高效的互联功能。物联网的网络层，自然也成了各种新技术的舞台，如 3G/4G 通信网络 IPV6、Wi-Fi 和 WiMAX、蓝牙、ZigBee 等。

物联网网络层建立在现在的通信网、互联网、广播电视网基础上，从信息传输的方式上看，可以分为有线通信技术和无线通信技术。

1）有线通信技术。有线通信技术是指利用有线介质传输信号的技术。其物理特性和相继推出的有线技术不仅使数据传输率得到进一步提高，而且使其信息传输过程更加安全可靠。

有线通信技术可分为短距离的现场总线（也包括 PLC、电力线载波等技术）和中、长距离的广域网（PSTN、ADSL 和 HFC 数字电视 Cable 等）两大类。

2）无线通信技术。无线通信技术是指利用无线电磁介质传输信号的技术，是计算机与无线通信技术相结合的产物，它提供了使用无线多址信道的一种有效方法来支持计算机之间的通信，为通信的移动化、个性化和多媒体化应用提供了潜在的手段。由于无线通信没有有线网络在连接空间上的局限性，将成为物联网的另一重要网络接入方式。

常用的无线网络技术有以下几种。

① Wi-Fi。Wi-Fi 原为无线保真 Wireless Fidelity 的缩写，是一种可以将个人计算机、手持设备（如 PDA、手机）等终端以无线方式互相连接的技术。

Wi-Fi 为无线局域网设备提供了一个世界范围内可用的，费用极低且带宽极高的无线空中接口，该技术必将成为物联网实现无线高速网络互联的重要手段。

②蓝牙。蓝牙是一种目前广泛应用的短距离通信（一般 10 米内）的无线电技术。能在包括移动电话、PDA、无线耳机、GPS 设备、游戏平台、笔记本电脑、无线外围设备（如蓝牙鼠标、蓝牙键盘）等众多设备之间进行无线信息交换。

③红外。红外是一种利用红外线传输数据的无线通信方式，采用红外波段内的近红外线，波长为红外 0.75~25 μm。红外自 1974 年发明以来得到很普遍的应用，如红外线鼠标、红外线打印机、红外线键盘等。红外线传输采用点对点方式，传输距离一般为 1 米左右，由于红外线的波长较短，对障碍物的衍射能力差，适用于短距离、方向性强的无线通信场合。红外设备一般具有体积小、成本低、功耗低、无须平路申请等优势。

④紫蜂（ZigBee）。紫蜂是一种新兴的短距离无线通信技术，是 IEEE802.15.4 协议的代名词。可以说紫蜂是因蓝牙在工业、家庭自动化控制以及工业遥测控领域存在功耗大、组网规模小、通信距离有限等缺陷而诞生的。IEEE802.15.4 协议于 2003 年正式问世，该协议使用 3 个频段：2.4~2.483 GHz（全球通用）、902~928 MHz（美国）和 868.0~868.6 MHz（欧洲）。

ZigBee 具有低功耗、数据传输速率比较低的特性。因此 ZibBee 适用数据传输速率要求低的传感和控制领域。另外，ZigBee 组网的可靠性有保障。

⑤移动通信技术。移动通信网具有覆盖广、建设成本低、部署方便、移动性等特点，使得无线网络将成为物联网主要的接入方式，而固定通信作为融合的基础承载网络将长期服务于物联网。物联网的终端都需要以某种方式连接起来，发送或者接收数据，考虑到方便性，信息基础设施的可用性以及一些应用场景本身需要随时监控的目标就是在活动状态下，因此移动网络将是物联网最主要的接入手段。

5G 移动网络与早期的 2G、3G 和 4G 移动网络一样，5G 网络是数字蜂窝网络，在这种网络中，供应商覆盖的服务区域被划分为许多被称为蜂窝的小地理区域。表示声音和图像的模拟信号在手机中被数字化，由模数转换器转换并作为比特流传输。蜂窝中的所有 5G 无线设备通过无线电波与蜂窝中的本地天线阵和低功率自动收发器（发射机和接收机）进行通信。收发器从公共频率池分配频道，这些频道在地理上分离的蜂窝中可以重复使用。本地天线通过高带宽光纤或无线回程连接与电话网络和互联网连接。与现有的手机一样，当用户从一个蜂窝穿越到另一个蜂窝时，他们的移动设备将自动"切换"到新蜂窝中的天线。

5G 网络的主要优势在于，数据传输速率远远高于以前的蜂窝网络，最高可达 10 Gbit/ s，比当前的有线互联网要快，比先前的 4GLTE 蜂窝网络快 100 倍。另一个优点是较低的网络延迟（更快的响应时间），低于 1 毫秒，而 4G 为 30~70 毫秒。由于数据传输更快，5G 网络将不仅仅为手机提供服务，而且还将成为一般性的家庭和办公网络提供商，与有线网络提供商竞争。以前的蜂窝网络提供了适用于手机的低数据率互联网接入，但是一个手机发射塔不能经济地提供足够的带宽作为家用计算机的一般互联网供应商。

（3）应用层——数据存储与处理

应用层是物联网技术与相关行业的深度融合，与行业实际需求相结合，从而实现广泛智能化。物联网应用层利用经过处理的感知数据，为用户提供丰富的特定服务，以实现智能化的识别、定位、跟踪、监控和管理。这些智能化的应用涵盖了智能家居、智能交通、车辆管理、远程测量、电子医疗、销售支付、维护服务、环境监控等领域。

物联网应用层又可以分为应用支撑平台子层和应用服务子层，所涉及的技术非常广泛，例如云计算、中间件、物联网应用、信息处理等。

三、物联网的应用

物联网技术是在互联网技术基础上的延伸和扩展，其用户终端延伸到了任何物品，可以实现任何物品之间的信息交换和通信，因此其应用以"物品"为中心，可遍及交通、物流、教学、医疗、卫生、安防、家居、旅游及农业等领域。近年来，中国物联网产业在智能电网、智能家居、数字城市、智能医疗、车用传感器等领域逐步普及。

1. 智能物流

智能物流是在物联网技术的支持下诞生的，它是利用集成智能化技术，使物流系统能模仿人的智能，具有思维、感知、学习、推理判断等自行解决物流中某些问题的能力。利用智能物流技术，结合有效的管理方式，物流公司在整个物流过程中，能够对货物状态实时掌控，对物流资源有效配置，从而提供高效而准确的物流服务，提升物流行业的科技化水平，促进物流行业的有序发展。

物联网技术将带来物流配送网络的智能化，带来敏捷智能的供应链变革，带来物流系统中物品的透明化与实时化管理，实现重要物品的物流可追踪管理。

在物流业中物联网主要应用于以下四大领域：

（1）基于 RFID 等技术建立的产品智能可追溯网络系统。例如，食品的可追溯系统、药品的可追溯系统等。这些产品可追溯系统为保障食品安全、药品安全提供了坚实的物流保障。

（2）智能配送的可视化管理网络。管理网络通过卫星导航定位，对物流车辆配送进行实时、可视化在线管理。

（3）基于声、光、机、电、移动计算等各项先进技术，建立全自动化的物流配送中心，实现局域内的物流作业的智能控制、自动化操作的网络。例如，货物拆卸与码垛是码垛机器人，搬运车是激光或电磁的无人搬运小车，分拣与输送是自动化的输送分拣线作业，入库与出库作业是堆垛机自动化的操作，整个物流作业系统与环境完全实现了全自动与智能化，是各项基础集成应用的专业网络系统。

（4）基于智能配货的航渡网络化公共信息平台。在全新的物流体系之下，把智能可追溯网络系统、智能配送的可视化管理网络、全自动化的物流配送中心连为一体，就产生了一个智慧的物流信息平台。该平台利用现代信息技术如互联网、电信网、广电网等形成互联互通、高速安全的信息网络，积极开发应用 RFID 系统、全球卫星定位系统、地理信息系统（GIS）、无线视频以及各种物流技术软件，建立面向企业和社会服务的"车货他三方位监管""制造业物流业跨行业联动""食品质量溯源追踪监控""集装箱运输箱货跟踪""危险化学品全方位监管""国际国内双向采购交易"等物联网技术应用平台。该平台可实现异构系统间的数据交换及信息共享，实现整个物流作业链中众多企业主体相互间的协同作业，设计架构出配套的机制及规范，以保证体系有序、安全、稳定地运行，具有重大的社会和经济效益。

2. 智能家居

智能家居，又称智能住宅，它是一个以住宅为平台安装有智能家居系统的居住环境。通俗地说，它是融合了自动化控制系统、计算机网络系统和网络通信技术于一体的网络化智能化的家居控制系统。智能家居将让用户有更方便的手段来管理家庭设备，实现各种设备相互间通信，不需要用户指挥也能根据不同的状态互动运行，从而给用户带来最大限度的高效、便利、舒适与安全。

智能家居会给我们的生活带来哪些变化呢？现在让我们假设一下，在下班之前，通过计算机或手机给家里的家电发送指令，空调、热水器或电饭煲就会工作起来。当主人一回到家中，室内已温暖如春，热水器里面的水也刚好可以用来洗澡了，而电饭煲里飘出阵阵米香，等待着主人享用。这种看起来像科幻小说里的生活场景，就是应用物联网技术实现的智能家居所能提供的生活。

智能家居系统目前能实现的主要功能包括：智能灯光控制、智能电器控制、安防监控系统、智能背景音乐、智能视频共享、可视对讲系统、家庭影院系统等。

智能家居对提高现代人类生活质量，创造舒适、安全、便利、高效的生活有非常重要的作用。智能家居的安全、高效、快捷、方便、智能化等优势使其具有广阔的市场前景，相信不久的将来就会在普通家庭普及。

3. 智能交通

随着经济发展，城市规模不断扩大，人口持续增长，城市交通压力也与日俱增，交通拥堵已经越来越严重，大城市的街道俨然成了一个巨大的"停车场"。在这个大"停车场"里，每辆汽车的发动机一刻不停地在转动，不仅无休止地消耗着宝贵的汽油，而且会产生大量的废气，对环境造成严重的污染。100万辆普通汽车发动机停车空转10分钟，就会消耗14万升汽油。我们急需一个智能化的交通控制系统，有效地解决这一系列问题。

智能交通，是未来交通系统的发展方向，它是将先进的信息技术、数据通信传输技术、电子传感技术、控制技术及计算机技术等有效地集成运用于整个地面交通管理系统而建立的一种在大范围内、全方位发挥作用的，实时、准确、高效的综合交通运输管理系统。

交通管理系统主要用于动态交通响应，可以收集实时交通数据、实时响应交通流量变化、预测交通堵塞、监测交通事故、控制交通信号或给出交通诱导信息，系统可以进行大范围的交通监测与检测，包括交通信息、交通查询、收费闸门、自动收费、干线信号控制等，以促进交通管理，改善交通状况。

交通信息服务系统主要完成交通信息的采集、分析、交换和表达，协助行人与司机从出发点顺利到达目的地，使出行更加安全、高效、舒适。典型的交通信息服务系统有路径引导及路径规划、动态交通信息、陆路车辆导航、交通数字通信、停车信息、天气及路面状况预报、汽车电脑及各种预报提示系统。

公共交通系统运用先进的电子技术优化公交系统的操作，确定合理的上车率、提供车辆共享服务，为乘客提供实时信息，自动响应行程中的变化等，如多模式公交系统、一卡通计费、实时车辆转乘信息、车辆搭乘信息、实时上车率信息、公交车辆调度实时优化、公交车辆定位与监控系统等。

车辆控制与安全系统利用车载感应器、电脑和控制系统等对司机的驾驶行为进行警告、协助和干预，以提高安全性和减少堵塞。该系统功能有驾驶警告和协调、自动方向盘控制、自动刹车、自动加速、超速警告、撞车警告、司机疲劳检测、车道检测、磁片导航等。采用该系统，当交通发生事故时，车载设备会及时向交管中心发出信息，以便及时应对、减少道路拥堵；如果在汽车和汽车点火钥匙上植入微型感应器，当喝了酒的司机掏出汽车钥匙时，钥匙能通过气味感应器察觉到，并通过无线信号立即通知汽车"不要发动"，汽车会自动罢工，并"命令"司机的手机给其亲友发短信，通知他们汽车所在的位置，请亲友前来处理。汽车、钥匙、手机互相联络，保证了司机和路上行人的安全。

不停车电子收费系统即 ETC 收费系统，通过路边车道设备控制系统的信号发射与接收装置，识别车辆上设备内特有编码，判断车型，计算通行费用，并自动从车辆用户的专用账户中扣除通行费。对使用不停车电子收费车道的未安装车载器或车载器无效的车辆，则视作违章车辆，实施图像抓拍和识别，会同交警部门事后处理。

与传统人工收费方式不同，不停车电子收费系统带来的好处有：无须收费广场，节省收费站的占地面积；节省能源消耗，减少停车时的废气排放和对城市环境的污染；降低车辆部件损耗；减少收费人员，降低收费管理单位的管理成本；实现计算机管理，提高收费管理单位的管理水平；对因缺乏收费广场而无条件实施停车收费的场合，有实施收费的可能；无须排队停车，可节省出行人的时间等；避免因停车收费而造成收费口堵塞等。

4. 智能医疗

物联网技术应用于医疗卫生领域，将会彻底颠覆我们现在的就医模式和医疗行业的管理模式。智能医疗能够帮助医院实现对人的智能化医疗和对物的智能化管理工作，支持医院内部医疗信息、设备信息、药品信息、人员信息、管理信息的数字化采集、处理、存储、传输、共享等，实现物资管理可视化、医疗信息数字化、医疗过程数字化、医疗流程科学化、服务沟通人性化，能够满足医疗健康信息、医疗设备与用品、公共卫生安全的智能化管理与监控等方面的需求。

应用物联网技术可以促进健康管理信息化与智能化，远程急救，医疗设备及药房、药品的智能化管理等，使得病人就医更便捷，医生工作更高效，医院管理更安全。

智能医疗将使人们由被动治疗转变为主动健康管理，用户可以建立完备的、标准化的个人电子健康档案，与医院直接对话，实现健康维护和疾病及早治疗。运用物联网技术，通过使用生命体征监测设备、数字化医疗设备等传感器，采集用户的体征数据，如血压、血糖、血氧、心电等。通过有线或无线网络将这些数据传递到远端的服务平台，由平台上的服务医师根据数据指标，为远端用户提供保健、预防、监测、呼救于一体的远程医疗与健康管理服务体系。

远程急救系统可以利用卫星定位技术找到最近的急救车进行调派，并对移动急救车车辆的行进轨迹进行监控。救护车内的监护设备采集急救病人的生命体征信息，该信息与急救车内的摄像视频信号通过无线网络实时上传至急救指挥中心和进行抢救的医院急诊中心，从而实现在最短时间内对病人采取最快的救护措施，挽救生命。

利用 RFID 技术则可以实现医疗设备及药房、药品的智能化管理。将医疗设备的 RFID 中存入生产商和供应商的信息、设备的维修保养信息、医疗设备不良记录跟踪信息等，设备维护巡检后的信息在现场可以录入手持机，同时存储于设备上的芯片，回到科室后将手持机内的信息上传到中央处理器内，进行相应的数据存储及处理。利用各类传感器管理病房和药房温度、湿度、气压，监测病房的空气质量和污染情况。医院的工作人员佩戴 RFID 胸卡，防止未经许可的医护、工作人员和病人进出医院，监视、追踪未经许可进入高危区域的人员。将药品名称、品种、产地、批次及生产、加工、运输、存储、销售等环节的信息都存于 RFID 标签中,当出现问题时,可以追溯全过程。把信息加入药品的 RFID 标签的同时,可以把信息传送到公共数据库中,患者或医院可以将标签的内容和数据库中的记录进行对比,从而有效地识别假冒药品。患者也能利用 RFID 标签确认购买的药品是否存在问题。利用 RFID 技术在用药的过程的各个环节加入防误机制,过程包括处方开立、调剂、护理给药、药效追踪、药品库存管理、药品供应商进货、保存期限及保存环境条件以及用药成本控制与分析。

除以上应用之外,智能医疗还可以通过智能药瓶来自动提示病人服药时间,医生远程监控病人服药量,减少误服;将微型检测机器人口服进入人体,配合外接无线通信设备实现远程诊疗,减少病人痛苦,提高诊疗精准率;利用手术辅助机器人进行手术操作,帮助外科医生更加精确地进行外科手术,避免医疗事故的发生等。

5. 校园物联网

物联网在校园中的应用主要是通过利用物联网技术改变师生和校园资源相互交互的方式,以提高交互的明确性、灵活性和响应速度,从而实现智慧化服务和管理的校园模式。具体来说,就是把感应器应用到食堂、教室、供水系统、图书馆、实验室等各种场所中,形成"物联网",然后与现有互联网整合,实现教学、生活、管理与校园资源的整合。物联网在教育中的应用大概可以分成下面几个领域:

(1)信息化教学

利用物联网建立泛在学习环境。可以利用智能标签识别需要学习的对象,并且根据学生的学习行为记录调整学习内容。这是对传统课堂和虚拟实验的拓展，在空间上和交互环节上，通过实地考察和实践，增强学生的体验。例如，生物课的实践性教学中需要学生识别校园内的各种植物，可以为每类植物粘贴带有二维码的标签，学生在室外寻找到这些植物后，除了可以知道植物的名字，还可以用手机识别二维码，从教学平台上获得相关植物的扩展内容。

（2）教育管理

物联网在教育管理中可以用于人员考勤、图书管理、设备管理等方面。例如，带有 RFID 标签的学生证可以监控学生进出各个教学设施的情况，以及行动路线。又如，将 RFID 用于图书管理，可通过 RFID 标签方便地找到图书，并且可以在借阅图书的时候方便地获取图书信息而不用把书一本一本拿出来扫描。将物联网技术用于实验设备管理可以方便地跟踪设备的位置和使用状态，方便管理。

（3）智慧校园

智能化教学环境在校园内还可用于校内交通管理、车辆管理、校园安全、师生健康、智能建筑、学生生活服务等领域。例如，在教室里安装光线传感器和控制器，根据光线强度和学生的位置，调整教室内的光照度。控制器也可以和投影仪、窗帘导轨等设备整合，根据投影工作状态决定是否关上窗帘，降低灯光亮度。又如，对校内有安全隐患的地区安装摄像头和红外传感器，实现安全监控和自动报警等。在学生安全方面，可以通过为学生佩戴存储了学生年级、班级、入学时间、家庭住址、父母电话等信息的多功能学生卡，实现刷卡考勤，遇险呼救、卫星定位、银行储蓄等功能，这样既方便了学校对学生的管理，保障学生安全，也方便父母随时通过手机查看孩子的位置、与孩子对话，了解情况。

物联网在校园中的应用可谓前景广阔，但也面临一些问题，如成本问题、师生隐私、维护管理等都是目前存在的亟待解决的问题。虽然这些应用尚处于摸索阶段，但我们期盼的"网络学习无处不在、网络科研融合创新、校务治理透明高效、校园文化丰富多彩、校园生活方便周到"的"智慧校园"一定会实现。

第二节 现代通信新技术

以计算机网络技术为基础的现代通信新技术都带有许多时代的特征，是我们应该关注的焦点。在此，我们来简单了解一下这些新技术的特点、所使用的关键技术和发展应用情况。

一、5G 移动通信技术

第五代移动通信技术，简称 5G。2019 年 10 月，5G 基站入网正式获得了工信部的批准。工信部颁发了国内首个 5G 无线电通信设备进网许可证，标志着 5G 基站设备将正式接入公用电信商用网络。

5G 网络正朝着网络多元化、宽带化、综合化、智能化的方向发展。随着各种智能终端的普及，移动数据流量将呈现爆炸式增长。在 5G 网络中，减小小区半径，增加低功率节点数量，是保证 5G 网络支持 1000 倍流量增长的核心技术之一。因此，超密集异构网络成为 5G 网络提高数据流量的关键技术。

未来无线网络将部署现有站点 10 倍以上的各种无线节点，在宏站覆盖区内，站点间距离将保持 10 米以内，并且支持在每平方千米范围内为 25000 个用户提供服务。同时也可能出现活跃用户数和站点数的比例达到 1 ：1 的现象，即用户与服务节点——对应。密集部署的网络拉近了终端与节点间的距离，使得网络的功率和频谱效率大幅度提高，同时也扩大了网络覆盖范围，扩展了系统容量，并且增强了业务在不同接入技术和各覆盖层次间的灵活性。虽然超密集异构网络架构在 5G 中有很大的发展前景，但是节点间距离的减少，越发密集的网络部署将使得网络拓扑更加复杂，从而容易出现与现有移动通信系统不兼容的问题。在 5G 移动通信网络中，干扰是一个必须解决的问题。网络中的干扰主要有：同频干扰，共享频谱资源干扰，不同覆盖层次间的干扰等。现有通信系统的干扰协调算法只能解决单个干扰源问题，而在 5G 网络中，相邻节点的传输损耗一般差别不大，这将导致多个干扰源强度相近，进一步恶化网络性能，使得现有协调算法难以应对。

1.D2D 通信

在 5G 网络中，网络容量、频谱效率需要进一步提升，更丰富的通信模式以及更好的终端用户体验也是 5G 的演进方向。设备到设备通信（device-to-device communication，D2D）有潜在的提升系统性能、增强用户体验、减轻基站压力、提高频谱利用率的前景。因此，D2D 是未来 5G 网络中的关键技术之一。

D2D 通信是一种基于蜂窝系统的近距离数据直接传输技术。D2D 会话的数据直接在终端之间进行传输，不需要通过基站转发，而相关的控制信令，如会话的建立、维持、无线资源分配以及计费、鉴权、识别、移动性管理等仍由蜂窝网络负责。蜂窝网络引入 D2D 通信，可以减轻基站负担，降低端到端的传输时延，提升频谱效率，降低终端发射功率。当无线通信基础设施损坏，或者在无线网络的覆盖盲区，终端可借助 D2D 实现端到端通信甚至接入蜂窝网络。在 5G 网络中，既可以在授权频段部署 D2D 通信，也可在非授权频段部署。

2.M2M 通信

M2M（machine to machine，M2M）作为物联网最常见的应用形式，在智能电网、安全监测、城市信息化、环境监测等领域实现了商业化应用。3GPP已经针对 M2M 网络制定了一些标准，并已立项开始研究 M2M 关键技术。M2M 的定义主要有广义和狭义两种，广义的 M2M 主要是指机器对机器、人与机器间以及移动网络和机器之间的通信，它涵盖了所有实现人、机器、系统之间通信的技术；从狭义上说，M2M 仅仅指机器与机器之间的通信。智能化、交互式是 M2M 有别于其他应用的典型特征，这一特征下的机器也被赋予了更多的"智慧"。

3.5G 通信技术的应用

（1）车联网与自动驾驶

车联网技术经历了利用有线通信的路侧单元（道路提示牌）以及 2G/3G/4G网络承载车载信息服务的阶段，正在依托高速移动的通信技术，逐步步入自动驾驶时代。

（2）外科手术

2019 年 1 月 19 日，中国一名外科医生利用 5G 技术实施全球首例远程外科手术。这名医生在福建省利用 5G 网络，操控 48 千米以外一个偏远地区的机械臂进行手术。在进行的手术中，由于延时只有 0.1 秒，外科医生在 5G 网络的加持下，切除了一只实验动物的肝脏。5G 技术的其他好处还包括大幅缩短了下载时间，下载速度从每秒约 20 兆字节上升到每秒 50 千兆字节，这相当于在 1 秒钟内下载超过 10 部高清影片。5G 技术最直接的应用很可能是改善视频通话和游戏体验，但机器人手术很有可能给专业外科医生为世界各地有需要的人实施手术带来很大希望。

5G 技术将开辟许多新的应用领域，以前的移动数据传输标准对这些领域来说还不够快。5G 网络的速度和较低的延时性首次满足了远程呈现，甚至远程手术的要求。

（3）智能电网

因电网高安全性要求与全覆盖的广度特性，智能电网必须在海量连接以及广覆盖的测量处理体系中，做到 99.999% 的高可靠度；超大数量末端设备的同时接入、小于 20 ms 的超低时延，以及终端深度覆盖、信号平稳等是其可安全工作的基本要求。

二、三网融合技术

三网融合是指电信网、广播电视网、互联网在向宽带通信网、数字电视网、下一代互联网演进过程中，三大网络通过技术改造，其技术功能趋于一致，业务范围趋于相同，网络互联互通、资源共享，能为用户提供语音、数据和广播电视等多种服务。

三网融合并不意味着三大网络的物理合一，而主要是指高层业务应用的融合。三网融合应用广泛，遍及智能交通、环境保护、政府工作、公共安全、平安家居等多个领域。

三、智能光网络技术

随着 IP 业务的持续快速增长，对网络带宽的需求变得越来越高，同时由于 IP 业务流量和流向的不确定性，对网络带宽的动态分配要求也越来越迫切。为了适应 IP 业务的特点，光传输网络开始向支持带宽动态灵活分配的智能光网络方向发展。在这种趋势下，H 动交换光网络（ASON）应运而生。ASON 是由信令控制实现光传输网内链路的连接 / 拆线、交换、传送等一系列功能的新一代光网络。ASON 使得光网络具有了智能性，代表了下一代光网络的发展方向。

ASON 的主要优点有：动态地分配网络资源，实现网络资源的有效利用；快速地在光层直接提供用户需求的各种业务；降低了运营维护费用；高效的网络管理和保护技术；便于引入新业务。

1.ASON 的总体结构及关键技术

在 ASON 的分层体系结构中，ASON 由传送平面（TP）、控制平面（CP）、管理平面（MP）组成。三个平面分别完成不同的功能。传送平面负责在管理平面和控制平面的作用下传送业务；控制平面根据业务层提出的带宽需求，控制传送平面提供动态自动的路由；管理平面负责对传送平面和控制平面进行管理。

ASON 的最大特色是引入了控制平面。控制平面是 ASON 的核心，主要包括信令协议、路由协议和链路资源管理等。其中信令协议用于分布式连接的建立、维护和拆除等管理；路由协议为连接的建立提供选路服务；链路资源管理用于链路管理，包括控制信道和传送链路的验证和维护。

信令、路由和资源管理是实现 ASON 的三大关键技术，而这三个方面的研究工作可以说是实现光网络智能化的重点和难点之所在，一旦这些问题得到解决，光网络智能化的进程将向前迈出关键的一步。

2. 业务连接拓扑类型

为了支持增强型业务（如带宽按需分配、多样性电路指配和捆绑连接等），ASON 应支持呼叫和连接控制的分离。呼叫和连接控制的分离可以减少中间连接控制节点过多的呼叫控制信息，去掉解码和解释消息的沉重负担。ASON 支持的连接拓扑类型包括：双向点到点连接、单向点到点连接、单向点到多点连接。

3. 业务连接类型

ASON 网络支持 3 种业务网络连接类型：永久连接（PC）、交换连接（SC）和软永久连接（SPC）。其中，PC 和 SPC 连接都是由管理平面发起的对连接的管理。PC 和 SPC 的区别在于光网络内建立连接是利用网关命令还是实时信令，这两种方式都是由运营商发起建立的业务连接；SC 连接通过 UN1 信令接口发起，用户的业务请求通过控制平面（包括信令代理）的 UN1 发送给运营商，即由用户直接发起建立业务连接。

4. 业务接入方法

为了将业务接入 ASON 网络，用户首先需要在传送平面上与运营商网络建立物理连接。按照运营商网络与客户的位置，业务接入可以采取局内接入（光网络单元与客户端网元在一地）、直接远端接入（具有专用链路连接到用户端）、经由接入子网的远端接入以及双归接入。

ASON 必须支持双归接入方式。对于相同的客户设备采用双归接入时不应需要多个地址，双归接入是接入的一种特殊情况。采用双归接入的主要目的是增强网络的生存性，当一个接入失败时，客户的业务能够依靠另一个接入而不会中断。客户设备可以以双归的方式（两条不同的路径）接入核心网 / 运营商。

从安全角度，网络资源应该避免没有授权的接入，业务接入控制就是限制和控制企图接入网络资源的机制，特别是通过 UN1 和外部网络节点接口（E-NN1）。连接接纳控制（CAC）功能应支持以下安全特征：

（1）CAC 适用于所有通过 UN1（或者 E-NN1）接入网络资源的实体。CAC 包括实体认证功能，以防止冒充者通过假装另一个实体欺骗性地使用网络资源。已经认证了的实体将根据可配置的策略管理被赋予一个业务接入等级。

（2）UNI 和网络节点接口（MN1）上应提供机制来保证客户认证和链路信息完整性，如链路建立、拆除和信令信息，以用来连接管理和防止业务入侵。UNI 和 E-NN1 还应包括基于 CAC 的应用计费信息，防止连接管理信息的伪造。

（3）每个实体可以通过运营者管理策略的授权利用网络资源。

第六章　网络安全技术

第一节　网络安全基础

一、网络安全初步分析

网络安全产品有以下几大特点：①网络安全来源于安全策略与技术的多样化，如果采用一种统一的技术和策略也就不安全了；②网络的安全机制与技术要不断地变化；③随着网络在社会各个方面的延伸，进入网络的手段也越来越多，因此，网络安全技术是一个十分复杂的系统工程。为此建立中国特色的网络安全体系，需要国家政策和法规的支持及集团联合研究开发。

（一）网络安全的必要

随着计算机技术的不断发展，计算机网络已经成为信息时代的重要特征，人们称它为信息高速公路。网络是计算机技术和通信技术的产物，是应社会对信息共享和信息传递的要求发展起来的，正因为网络应用得如此广泛，又在生活中扮演很重要的角色，所以其安全性是不容忽视的。

（二）网络的安全管理

面对网络安全的脆弱性，除了在网络设计上增加安全服务功能，完善系统的安全保密设施外，还必须花大力气加强网络的安全管理，因为诸多的不安全因素恰恰反映在组织管理和人员录用等方面，而这又是计算机网络安全所必须考虑的基本问题。

1. 安全管理原则

网络信息系统的安全管理主要基于三个原则：①多人负责原则。每一项与安全有关的活动，都必须有两人或多人在场。②任期有限原则。一般来讲，任何人最好不要长期担任与安全有关的职务，以免使他认为这个职务是专有的或永久性的。③职责分离原则。除非经系统主管领导批准，在信息处理系统工作的人员不要打听、了解或参与职责以外的任何与安全有关的事情。

2. 安全管理的实现

信息系统的安全管理部门应根据管理原则和该系统处理数据的保密性，制定相应的管理制度或采用相应的规范。具体工作是：①根据工作的重要程度，确定该系统的安全等级。②根据确定的安全等级，确定安全管理范围。③制定相应的机房出入管理制度，对于安全等级要求较高的系统，要实行分区控制，限制工作人员出入与己无关的区域。计算机网络主要由网络设备、操作系统、应用程序等组成。它们之间的关系犹如金字塔，网络设备处于最底层，操作系统处于中间层，应用程序处于最上层，它们中任何一层存在安全漏洞，都会导致黑客或病毒无情的入侵，甚至造成灾难性的损失。做好网络设备及操作系统的安全防护，才能为整个网络的安全奠定坚实的基础。

二、加强网络设备的安全访问控制

网络设备包括交换机、路由器等硬件设备，由它们构成了网络的基本环境，下面以路由器为例作一一介绍。

（一）实施强密码策略

路由器是黑客入侵的第一道防线，可通过强密码策略加强防护。命令：Servicepassword-encryption、enablesecret 密码。

（二）远程访问与控制台访问的安全设置

①限制远程访问。命令：linevtyo4、login、password 密码、exec-timeout 时间。②控制台登录控制。命令：IineconsoleO、transportinpulnone、password 密码。③ AUX 登录控制。命令：IineauxO、transportinputnone、noexec。

（三）关闭不必要的服务

计算机中通常安装了一些不必要的服务，如果这些服务没有用的话，最好能将它们关闭。例如：为了能够在远程方便地管理服务器，很多机器的终端服务都是开着的，如果开了，要确认已经正确地配置了终端服务。有些恶意程序也能以服务方式悄悄地运行服务器上的终端服务，要留意服务器上开启的所有服务并每天检查。

（四）关闭 finger 服务

finger 可用来检测注册登录到了路由器，并以 showusers 的输出作为响应。测试 finger 服务是否打开的命令：telnetip 地址 finger。关闭 finger 服务的命令：noipfinger 或 noservicefinger，老版本只支持后者。

（五）关闭 IdentD 服务

IdentD 允许远程设备查询 TCP 端口，当 TCP113 收到请求，就会用其身份信息作为响应，测试方法是 Telnet 到路由器的 113 端口。关闭 MenID 服务的方法：noipidentd。

（六）关闭 TCP 和 UDP 低端口服务

包括 daytime、echo、chargen 等，这些服务都已过时。关闭命令：noservicetcp-small-serversJioserviceLidpsmall-seners。

（七）关闭 IP 源路由

关闭 IP 源路由可禁止对带有源路由选项的 IP 数据包的转发，应在所有的路由器上关闭。命令：noipsource-route。

（八）关闭 CDP

CDP 是 Cisco 专用协议，用来获取相邻设备的协议地址、设备平台及相关接口信息。在边界路由器上，至少在连接到公共网络的接口上应关闭 CDP。配置模式下的命令：nocdprun；接口模式下的命令：nocdpenable。

三、加强操作系统的安全性

操作系统是计算机系统安全功能的执行者和管理者，负责对计算机系统的各种资源、操作、运算和用户进行管理与控制。操作系统的安全机制需要解决内存保护、文件保护、对资源的访问控制、I/O 设备的安全管理以及用户认证等问题。

计算机系统资源按操作系统可以分为处理器、存储器、I/O 设备和文件（程序或信息）四大类。威胁系统资源安全的因素除设备部件故障外，还有以下几种：

（1）用户的误操作造成对资源的意外处理，如无意中删除了不想删除的文件。

（2）黑客设法获取非授权的资源访问权。

（3）计算机病毒对系统资源或系统正常运行状态的破坏。

（4）多用户操作系统中各用户程序执行过程中相互的不良影响。

计算机操作系统的安全措施主要是隔离控制和访问控制。隔离控制的方法有四种：

（1）物理隔离。对物理设备或部件一级进行隔离，使不同的用户程序使用不同的物理对象。

（2）逻辑隔离。操作系统限定各个进程的运行区域，多个用户进程可以同时运行，但不允许访问未被允许访问的区域。

（3）时间隔离。对不同安全要求的用户进程分配不同的运行时间段。

（4）加密隔离。进程把自己的数据和计算活动以密码的形式藏起来，使它们对于其他进程不可见。

四、木桶理论

说到木桶理论，可谓众所周知，一个由许多块长短不同的木板箍成的木桶，决定其容水量大小的并非其中最长的那块木板或全部木板长度的平均值，而是取决于其中最短的那块木板。要想提高木桶整体容量，不是增加最长的那块木板的长度，而是要下功夫补齐最短的那块木板的长度。这个理论也可被引进安全领域，即认为信息安全的防护强度取决于"安全防线"中最为薄弱的一环，因此出现的一个状况是，发现哪个安全问题严重，就买什么样对应的产品。这个理论的意义在于使我们认识到整个安全防护中最短木块的巨大威胁，并针对最短木块进行改进。根据这个理论，我们会发现有些企业找出安全防护中的最短木块，并买了很多安全产品进行防护：发现病毒对企业影响很大，就买了最好的反病毒软件；发现边界不安全，就用了最强的防火墙；发现有黑客入侵，就部署了最先进的 IDS。

实际上，我们可以看到一个木桶能不能容水，容多少水，除了看最短木板之外，还要看一些关键信息：①这个木桶是否有坚实的底板，②木板之间是否有缝隙。

（1）底板是木桶能否容水的基础

一个完整的木桶，除了木桶中长板、短板，木桶还有底板。正是这谁也不太重视的底板，决定这只木桶能不能容水，能容多大容量的水。这块底板正是信息安全的基础，即企业的信息安全架构、制度建设和流程管理。对于多数企业而言，目前还没有整体的信息安全规划和建设，也没有制度和流程。信息安全还没有从整体进行考虑，随意性相当强。这就需要对企业进行一次比较全面的安全评估，然后结合企业的业务需求和安全现状来做安全信息架构和安全建设框架，制定符合企业的安全制度和流程。同时需要注意的是，由于企业不断发展，安全是动态变化的，因此也就需要我们不定期地检查信息安全这个"木桶"的桶底是否坚实，一个迅速壮大的企业，正如一只容纳了相当水量的木桶，越来越大的水容量将构成木桶底板的巨大挑战。

（2）木桶是否有缝隙是木桶能否容水的关键

木桶能否有效地容水，除了需要坚实的底板外，还取决于木板之间的缝隙，这个却是大多数人不易看见的。对于一个安全防护体系而言，其不同产品之间的协作和联动有如木板之间的缝隙，通常为我们所忽视，但其危害却最深。安全产品之间的不协同工作有如木板之间的缝隙，将致使木桶不能容纳一滴水。如果此时，企业还把注意力放在最短的木板上，岂非缘木求鱼？而桶箍的妙处就在于它能把一堆独立的木条联合起来，紧紧地排成一圈，同时它消除了木条与木条之间的缝隙，使木条之间形成协作关系，形成一个共同的目标，成为一个封闭的容器。如果没有了箍，水桶就变成了一堆木条，成为不了容器；如果箍不紧，那木桶也就是千疮百孔，纵有千升好水，能得几天不停流？在信息安全中，攻击手法已经融合了多种技术，比如蠕虫就融合了缓冲区溢出技术、网络扫描技术和病毒感染技术，这时候，如果我们的产品却还是孤军作战，防病毒软件只能查杀病毒，却不能有效地阻止病毒的传播；IDS 可以检查出蠕虫在网络上的传播，却不能清除蠕虫；补丁管理可以防止蠕虫的感染，却不能查杀蠕虫。各个安全产品单独工作，无法有效地查杀病毒、无法阻止病毒的传播。而且更为严重的是，每个系统都会记录这些安全日志，这些日志之间没有合并，大量的日志将冲垮管理员，导致无法看到真正关心的日志。如果是更为精密的黑客攻击行为，可能出现的情况是每一个单独的安全产品可能没有识别出是一个攻击行为，但是如果把这些攻击日志结合在一起就发现是一次严重的攻击行为。SOC 产品可以说是木桶的桶箍，它能把各种安全技术、安全产品、安全策略、安全措施等各种目标等箍在一起，共同形成一个坚实的木桶，保护里面的水资源。SOC 包含安全事件收集、事件分析、状态监视、资产管理、配置管理、策略管理以及长期形成的知识中心，并通过流程优化、系统联动、事件管理等方式减少木板与木板之间的缝隙，协调各方面资源，最高效率地处理安全问题，保护整体安全。

第二节 防火墙技术

计算机网络技术的应用给用户带来诸多便利，但是由于网络处于开放状态中，因而用户在应用网络系统的过程中，也会面临诸多安全隐患和威胁，用户自身操作系统的不完善、网络协议存在漏洞、黑客的恶意攻击都会成为导致计算机网络安全问题的主要因素，发生计算机网络安全问题可能导致用户的数据信息丢失、系统瘫痪，严重影响计算机网络系统的正常应用。防火墙是计算机网络安全主动防御的有效工具，探究计算机网络安全及防火墙技术的相关问题，对于促进计算机行业领域的持续发展具有现实意义。

一、计算机网络安全

计算机网络技术的应用主要以各种程序信息为平台和载体，而在程序和系统运行的过程中也会衍生诸多数据信息，从某种层面而言计算机网络技术的应用便是数据信息的应用，网络数据安全也成为保障计算机网络技术应用价值的关键，保证计算机网络技术的应用安全便需要保证网络数据信息的安全。用户在应用计算机的过程中会从不同途径遭受数据丢失、泄露或者破坏等风险，造成网络数据安全威胁的节点较多，病毒以及黑客攻击多以节点攻击为主要方式造成计算机操作系统的损坏，用户不良的计算机网络应用习惯，可能是造成病毒植入或者感染的重要原因。由于当前计算机网络领域应用范围的不断拓展，计算机网络应用行为所产生的网络信息也体现更高价值，不法分子对于网络数据信息的恶意侵犯行为也愈发频繁，用户需要实现常态化的网络安全防护，才能够保证自身应用网络系统的安全。

二、传统防火墙技术

防火墙技术创设原理来自古代的城墙保护，防火墙就好比一个过滤器对网络环境所需的信息进行检查和筛选，将带有病毒和木马的各种信息过滤和屏蔽掉，从而为网络提供安全的信息。防火墙在网络环境中起着重要的作用，它将网络环境分为健康网络环境和不健康网络环境，在从不健康的网络环境中进到健康的网络环境时需要经过防火墙的检测和审查，进而将木马和病毒隔离在健康的网络环境外。防火墙的主要工作就是保护相关网络环境的安全运行，防止外部不安全、不健康的垃圾信息对网络环境的影响和攻击。防火墙具有多种功能：①防火墙技术可以维护企业内部的网络环境，它通过自己的屏蔽系统和各种协议，将不符合网络安全的一些数据信息排除、屏蔽掉，防止不安全信息进入企业内部的网络环境中，进而影响公司企业计算机的正常运行。②防火墙可以控制企业内部网络与外部环境网络的交流和沟通，通过一些网络设置阻止不需要的数据信息，接收企业内部网络环境所需要的数据信息。防火墙是一道安全屏障，还可以限制相关的用户对企业会员的各项服务进行访问，会员外的其他用户要想对企业会员服务进行访问必须获得防火墙的授权才可以，防火墙这种限制相关用户随意访问的作用，极大地维护了企业会员的相关利益。③防火墙具有可用性协调和安全性的特点，防火墙，在实际工作过程中为企业提供安全、健康的网络环境，在安全的前提下确保企业各项工作顺利开展。此外，防火墙还有警告的作用，当发现网络环境中存在不安全因素时，防火墙就会发出警告，将出现的木马和病毒进行统计，让相关的操作员及时处理不安全因素。用户操作计算机网络系统的应用，对于防火墙技术的应用程度也相对较高，防火墙是计算机系统安全保护的有效屏障，通过其技术形式进行划分可以分为软件型、硬件型和嵌入型三种类型，从其技术层面进行划分也可以分为状态检测型、包过滤型以及应用型等三种类型，不同类型的防火墙都有自身特点以及应用利弊，用户可以根据自身的应用需求以及网络系统配置进行合理的防火墙选择。

（一）状态检测型防火墙

状态包检测防火墙具有应用级防火墙与包过滤器防火墙两者的优点，它既可以快速、灵活地处理网络数据包中的各种信息，还可以识别、检测、筛选网络数据，将不安全的数据信息加以排除，选出符合安全要求的数据信息供应给内部网络环境。因此，状态包检测防火墙具有较高的安全性，是计算机网络应用的较好选择。状态包检测防火墙其作用机理主要是利用其状态检测机制来连接内外部网络，然后对流经的数据信息进行检测和筛选。通过这样精细的检测和筛选进而形成连接状态表，根据连接状态表的信息数据的相关情况，对连接表中的各种因素进行识别和分析。由于连接状态表的形式多样且包含着通信数据信息和各种应用程序信息，所以其相较于其他防火墙具有较多的优势。首先，该种防火墙能够快速地分析各种信息数据，其分析的数据信息量较大。其次，该种防火墙分析数据信息不是一成不变的，它可以根据具体情况灵活地分析各种信息数据。当然该种防火墙也存在着自己的弊端，主要表现为在对各种信息数据进行分析、检测以及识别的过程中会导致网络连接滞后，影响其工作的顺利开展。状态包检测防火墙既有自己的优势，也有自己的弊端，在实际网络应用中应当根据不同的情况及时地做出选择和调整，防止木马和病毒的入侵，确保内部网络环境的安全性。状态监测性防火墙主要是对网络系统的运行数据进行检测和分析，通过自身的数据检测功能对网络运行状态中存在的不安全因素进行辨别，进而保证系统的安全运行，对不安全状态进行必要处理，应用防火墙实现对于网络系统的安全防护。相较于其他类型的防火墙，状态监测型防火墙的安全防护系数相对较高，能够根据应用需求进行拓展和伸缩，值得注意的是，进行拓展和伸缩需要一定的应急反应和处理时间，因而会出现防护保护延迟的情况，网络连接状态也会出现延缓或者滞留的情况。

（二）包过滤型防火墙

包过滤型防火墙的重点在于包过滤技术的应用，包过滤技术对于计算机网络协议具有严格要求，系统运行的各项操作都需要在保障协议安全的基础和范畴内进行。防火墙的工作机制相对透明，用户操作网络系统的应用过程中，防火墙会对存在安全威胁的网站访问行为和被访问行为进行过滤，运行和防护工作效率相对较快，但是对于携带新型病毒的恶意访问或者黑客攻击不具有防护功能，对于原有的数据信息具有较强的依赖性，不能够进行自动更新以及程序包的升级。包过滤器型防火墙主要被应用在网络层中，即使不进行人为的相关操作，包过滤器型防火墙也可以对相关的信息进行审核与识别，控制信息数据包的来源，分析数据信息来源的目的地址。另外它还可以精确地计算出协议类型、用户数据包协议的出入接口等。包过滤器型防火墙通过对以上相关信息进行审核与识别，将计算机所需要的信息数据和实际的信息数据进行分析与比较，进而确定实际的信息数据是否符合相关的安全要求。假若数据包符合网络安全的要求，那么该防火墙就会将其放行；假若该数据包不符合网络安全的要求，该防火墙会将其屏蔽。实践证明，该种过滤器是一种较为快速且被广泛适用的防火墙类型。

（三）应用型防火墙

应用级防火墙具有多种功能：①应用级防火墙将外部网络环境与内部网络环境的直接通信通道切断，避免内外部网络环境直接进行信息交流，进而避免病毒和木马侵蚀内部网络环境。②内部网络在对外部网络进行访问后，应用型防火墙会对内部网络需要的各种网络信息进行审核与检验，当某种信息不携带任何病毒和木马时，应用型防火墙就会对这种信息放行，进而供应给内部网络。内外部网络进行信息传递的过程中，内部网络和外部网络不会发生直接的访问关系，需要应用型防火墙代理软件进行网络信息传达，当网络信息进入应用型防火墙时需要遵守一定的网络安全要求和有关的网络协议要求才能进入内部网络。应用型防火墙主要是对不符合安全要求的数据舍弃和屏蔽，放行安全信息，来提高网络系统的安全性。应用型防火墙主要通过 IP 转换的方式，对网络系统的入侵者进行防护，应用伪装新 IP 或者端口作为诱导，达到对真正网络系统的防护作用，以伪装方式迷惑不法入侵行为，实现网络系统通信流的阻隔作用，同时也能够对网络运行状况进行实时监控，体现较高的安全性能。此种防火墙技术的应用会使网络系统的运行环境更加复杂，同时对于网络信息安全管理也提出更高要求。

三、新型防火墙技术

随着时代的进步，网络安全研究人员也不断进行防火墙技术的创新，尽量提升防火墙功能和性能。接下来介绍几种新型的防火墙技术：

1.流量过滤防火墙。传统的流量过滤防火墙是直接进行数据包的过滤和检验，设计人员直接进行语法逻辑设计，防火墙就会依照设计好的逻辑进行通过网络流量的截获，解读出流量的原地址以后，进行其目的地址的找寻与分配，这种检测方法安全性不够高，新型的流量过滤防火墙技术则是在内部安全策略中添加协议，直接进行应用层数据的过滤，设计人员增添了信息识别功能，防火墙能够进行流量滞留重组，防火墙过滤了滞留信息流以后，进入网络的信息流也得到了重装，大大提升防火墙的防护功能。

2. 深层检测防火墙。深层检测防火墙目前还处于设计和研发阶段，随着社会对于网络空间安全投入前所未有的重视以后，相关防火墙研究人员也提出了深层检测防火墙的概念，该防火墙不仅能够进行信息流和数据包的识别，而且能够将内部的数据直接定向到 TCP 堆栈中，然后防火墙就可以依照基本检测程序进行信息检测，从而实现更好的防护作用。深层检测防火墙不仅仅能够保护其接触到的网络层安全，而且还能够实现对应用层信息的保护。当然，深层检测防火墙技术目前还不够成熟，相关技术人员还需要进行深入的研究与探索。

3. 分布式防火墙。分布式防火墙分为主机防火墙以及网络防火墙两种，顾名思义，主机防火墙主要是针对主机进行安全监测工作而设计的，由于大部分的恶意攻击都是针对主机进行的，主机出现安全问题的可能性要更大一些，因此，主机防火墙所能够进行网络防护的范围相对要更大，对于网络内部以及外部都进行防护。而分布式防火墙往往都是安装于公司或者企业内部，这种防火墙不仅仅能够完成信息筛选，而且还能够保护公司、企业的服务器，使用分布式防火墙能够减少主机配置对于防护效果的影响。

四、防火墙配置部署技术

为了使用户所安装的防火墙能发挥防护功能，首先在进行防火墙部署的时候，应当充分了解自己所安装系统的需求，并从以下几方面进行防火墙的配置。首先，应当在公共网络与内部网络之间布置防火墙，以此来确保内部网络环境安全。其次，如果所接入的网络规模比较大并且网络内部进行了 VLAN 划分，那么我们还需要在各个 VLAN 之间搭建网络防火墙。最后，要将防火墙布置在公共网络所联系的总部以及分部之间。如果要进行两个网络之间的通信，在网络接口位置应当采用硬件防火墙进行网关设置，继而将网络保护起来。在进行防火墙配置时，应当首先对防火墙的功能进行详细了解，在未接入网络之前就启动防火墙进行防火墙功能设置，针对计算机使用网络的具体情况来选择防护级别，一般来说，固定的 IP 地址用户将防火墙安全级别设置为中等即可满足防护需求。虽然网络防火墙预设了安全防护规则，但是由于电脑漏洞以及病毒发展速度很快，用户为了做到高枕无忧的防护，就需要进行防护规则的重新设计，针对各种计算机漏洞和病毒威胁，寻求专业网络安全人员进行安全评测以及规则设置。另外，现如今网络安全问题受到极大的重视，研究防火墙技术的人员更应当随时注意网络上出现的病毒以及恶意攻击手段，及时进行防火墙技术的更新，尝试探究出性能更强、功能更丰富的防火墙，技术人员可以从编码技术入手，尝试进行集成式网络安全防护功能开发，打造具有高度集成性的防火墙，维护人们上网安全，打造更为安全可靠的网络环境。随着计算机网络技术的迅猛发展，我们在使用计算机进行网络通信的时候应当高度重视网络安全防护，对于防火墙技术进行基础的了解，从而能够根据自己的需求进行防火墙类型的选择，进行防火墙规则的设定，提升自身上网安全性。为了更好地发挥防火墙的防护功能，在进行防火墙功能设置时还应当及时寻求专业人员帮助，从而提升自身上网安全性。

五、防火墙技术的作用

（一）防火墙技术对网络安全可以起到强化作用

防火墙技术对网络安全可以起到强化作用，体现在防火墙的设计方案、口令等都是根据计算机网络的运行需要量身定做的。

安装防火墙后，计算机可以过滤不安全信息，使得网络环境更为安全。防火墙可以禁止网络数据信息系统，对网络起到一定的保护作用，有不良企图的分子就不会利用网络数据信息系统攻击内部网。防火墙还可以拒绝各种类型的数据块，即网络中交换与传输的数据单元，即为报文，可以进行一次性发送，由此提高内网的安全性。如果发现有不良信息，还可以及时通知管理员，由此可以降低自身的损失。

（二）防火墙技术可以避免内网信息出现泄露问题

防火墙技术可以对重点网段起到保护作用，发挥隔离作用，使得内网之间的访问受到限制。内网的访问人员得到有效控制，对于经过审查后存在隐患的用户就可以通过防火墙技术进行隔离，使得内网的数据信息更为安全。

在内网中，即便是不被人注意的细节也会引起不良用户的兴趣而发起攻击，使得内网的数据信息泄露，这是由于内网产生漏洞所导致的。

比如，Finger 作为 UNIX 系统中的实用程序，是用于查询用户的具体情况的。如果 Finger 显示了用户的真实姓名、访问的时间，不良用户一旦获得这些信息后，就会对 UNIX 系统的使用程度充分了解。在网络运行状态下，不良用户就会对 UNIX 系统进行在线攻击。

防火墙技术的应用，就可以避免这种网络攻击事件的发生。域名系统会被隐藏起来，主机用户真实姓名以及 IP 地址都不是真实的，不良用户即便攻击，防火墙发挥作用，使得没有授权的用户不能进入网络环境，保护了网络环境，网络安全性能有所提高。

（三）防火墙技术可以对网络访问的现象起到一定的监督控制作用

计算机安装防火墙后，所有对主机的访问都要接受防火墙的审查，在防火墙技术的使用中，完整的访问记录会被制作出来。

如果有可疑的现象存在，防火墙就会启动报警系统，不良用户的 IP 地址提供出来，包括各种记录的信息、网络活动状态都会接受审查，而且还可以做出安全分析，对于各种威胁也可以进行详细分析。通过使用防火墙技术，就可以使得不良用户被抵挡在"门"外，由此起到了预防的作用。

六、防火墙技术在计算机网络安全领域的应用

（一）身份验证

身份验证是防火墙技术的主要应用方式，通过用户的身份验证授权其各应用平台和系统的使用行为，保证其计算机网络系统操作的合法性。防火墙能够在信息的发送和接收环节中发挥身份验证作用，在数据传输的过程中形成天然屏障，形成对于不法访问和传输行为的阻碍作用，保证信息的传输安全。

（二）防病毒技术

防病毒是防火墙的主要功能，同时也是其技术应用的主要方式，防病毒的功能体现也是用户进行防火墙技术应用的主要目的。防火墙在网络系统中对外

界第三方访问的数据信息进行检查，非法路径访问行为会被制止，防病毒技术的应用效果比身份验证更为明显，对于处理技术的应用要求也相对较高。

（三）日志监控

防火墙在对网络系统进行应用的过程中会自动生成日志，对各类访问信息进行记载，便于在日后的应用过程中对数据信息进行分析和防护，日志监控在防火墙的应用中发挥至关重要的影响作用，用户在进行程序应用的过程中，不需要进行全面操控，仅需要针对关键信息进行操作。由于用户应用计算机网络系统会产生大量的数据信息，因而日志信息的生成量也非常大，如果用户进行全面操作需要耗费大量的时间和精力，对网络防护的即时性产生影响，用户可以对网络数据信息进行分类，并针对不同类型进行重点操作，有助于系统防护工作效率的提高。

计算机网络安全是用户进行计算机程序和系统应用关注的重点问题，防火墙技术的应用有助于实现对网络系统的安全防护，身份验证、防病毒技术、日志监控是防火墙技术应用的主要方式。用户进行计算机网络系统的应用，需要养成良好的网络访问习惯，积极应用防火墙技术保护系统的有序运行，以促进计算机技术应用价值的提升。

第三节　VPN技术

一、什么是 VPN 技术

在计算机网络中，除了建设物理隔离的业务网络之外，还拥有更具性价比的解决方案，使用 VPN 技术来构建安全的业务网络。它是英文"Virtual Private Network"的缩写，如果翻译成中文就是"虚拟专用网络"。

VPN 是用于计算机网络通信的，但它不是现时存在的，是虚拟的。利用这个技术我们可以把网络上两个不同的计算机进行连接。当然，在连接时需要特殊的加密协议。在使用时，用户会感觉像有一条专用线存在。VPN 利用的是包括认证、加密、安全检测、权限分配、访问记录等一系列手段来构建安全的业务网络。传统的解决方法，是采用 IP See VPN 来解决，而 IP See VPN 协议是为了解决安全问题而诞生的，但在实际应用中，解决远程连接的方案已经不能满足当前的网络安全需求。

二、VPN 技术分类

（一）链路层 VPN 技术

PPTP 协议：PPTP 协议又称为点到点协议，它是一种安全协议，最初是为了解决移动终端的网络安全要求，是 PPP 协议的扩展，为通过 IP 上网的用户提供基于 VPN 的安全解决方式，而其他用户可以通过支持 PPTP 协议的网络来连接和访问。

PPTP 协议是在客户端和服务器之间的安全协议，而客户端是基于该协议的一般计算机，而服务器是支持 PPTP 协议的指定服务器。客户可以通过多种网络方式接入公网，首先他要通过拨号连上 ISP 服务器，建立数据连接；然后，再建立 PPTP 连接，连接到 PPTP 服务器；它支持多种数据的封装。

PPTP 协议保证了客户端与服务器之间的正常通信，减少网络拥塞和数据丢失现象。它获得了微软公司的支持，同时具有流量控制功能。而 VPN 的配置需要由客户端来进行配置，无形中就加大了客户端的工作，同时还具有一定的安全风险。PPTP 由于不具备验证功能，它仅工作于 IP，所以需要用户进行验证。

（二）网络层 VPN 技术

IP See 协议是一种公开的标准协议，它和其他协议，如 PPTP 协议的最大区别是它是对 IP 层进行加密。它实际上并不是某种特殊的算法，在它的数据结构中也没有加入特定的算法和规则，它是完全开放的，它是对 IP 数据包进行定义，而其他的算法和规则也都可以通过 IP See 进行传输和运行。

IP See 协议主要运行方式分为隧道模式和传输模式。隧道模式是将数据在传输层进行封装，并以安全数据 IP 包形式保存和传输。而传输模式则仅仅是对数据的端到端传输，不会对数据进行隐藏和封装。从两者的运行方式来看，显然，隧道模式的安全性能更高，但是相应地也会带来系统的运行开销增大。由于 IP See 是基于网络层的一种协议，因此，它不能穿越防火墙、NAT 等网络防护设备。

（三）会话层 VPN 技术

SOCKS 协议：SOCKS 处于 OSI 模型的会话层，在 SOCKS 协议中，客户程序通常是先连接到防火墙 1080 端口，然后由防火墙建立到目的主机的单独会话，这种情况下客户程序对目的主机是不可见的。SOCKS 的问题在于必须对客户端应用程序做修改，加入对 SOCKS 协议的支持。

四、VPN 应用及优势

（一）身份认证安全

系统的安全认证方式往往采用用户名和密码方式，而这种方式安全性不高，特别是对于一些相对较简单的密码，黑客可以通过破解方式轻松获取。而一旦系统密码被破解，系统将暴露在互联网上，数据和重要资料将被轻松盗取，尤其是领导中享有较高级权限的账号若是遭到盗窃所造成的损失将更为严重。

（二）终端访问安全

虽然网络中设置了防火墙、IPS 等主动防御设备，但远程终端仍可通过 VPN 连接，而往往这些设备很难抵御通过 VPN 的连接。因此，这就给网络安全带来了隐患。为了保证整体安全防御水平，就需要对接入的终端主机的安全水平采取一定的控制措施。

例如金融系统以及电力系统等包含重要数据的业务系统，当用户通过远程接入的方式访问到这些系统时，由于系统交互、缓存等原因往往会在终端主机上保存部分应用数据，容易导致重要数据人为或是无意泄露，存在重大的信息安全隐患。如何让用户能方便快捷地远程办公的同时，保障重要应用系统、核心数据的不外泄，是管理人员需要考虑的一个非常重要的方面。

（三）权限划分安全

由于网络和服务器中存在大量的数据和自建应用系统，密码的泄露和权限的滥用往往容易造成网络攻击和病毒的侵害，一旦数据被破坏或黑客入侵，其后果将不堪设想。因此，需要在访问时建立权限机制。避免将重要数据暴露在网络中，同时，要对数据进行加密和采取强制修改弱口令等措施。

（四）应用访问审计安全

为了能够追踪到用户的应用使用情况，减少因外来访问造成的系统安全问题，同时可以掌握用户数据和访问人等信息，需要对系统采取必要的审计措施。

（五）业务数据迁移智能终端访问安全性

随着将业务系统迁移到终端，业务数据呈现于移动智能终端设备上，如何避免重要的业务数据随着智能终端丢失而造成泄密的风险，如何保障业务数据访问安全性，需要对业务系统迁移至终端访问做必要的安全措施。

五、VPN 技术的功能特点

VPN 技术有许多的优点，利用此技术，信息通道可以建立在公用的网络上，虽然没有进行实际的连接，却可以实现远程访问。

（1）通信成本可以降低。由于 VPN 是建立在公用的网络中，节省了通信设备的投入费用和维护费用，所以没有多少通信成本。

（2）安全可靠地传输数据。VPN 通过加密进行连接，并且在连接时要进行身份验证，数据通信的可靠性因此得到保证，连接具有安全稳定的效果。

（3）连接方便。一台计算机如果要和另一台计算机相连，必须通过专用的线路，利用 VPN 技术，两台计算机方便进行互通。

（4）控制方便。VPN 的用户只是利用了网络上的通道，但是对于网络的管理权和控制权还是由 ISP 决定。

六、VPN 采用的技术

VPN 主要由四项技术组成，隧道技术、加密技术、用户身份认证技术及访问控制技术。

（1）隧道技术。在 VPN 所有的技术中，隧道技术是最为核心的技术。使用隧道技术解决了数据在互联网中的数据传输。这种技术的特点是在数据传输前会被封装，封装的形成是隧道协议，当数据传输到另一端时，被封装的数据会被解封。

（2）加密技术。VPN 技术的加密方法有着自己的特点，加密方式是在数据发送前完成的，数据在到达用户后会进行解密。

（3）身份认证技术。当用户需要进行远程访问时，用户身份的认证需要解决。用户在建立拨号前要进行身份的认证，当确认合法后，才可以实现远程访问。

（4）访问控制技术。由于保密的要求，不同的用户具有不同的权限，访问过程中需要对特定的用户设定访问权限，通过控制技术可以确定用户的权限。使用此技术可以对网络上的资源进行有效的保护。

七、VPN 的用途

（1）通过 VPN 实现远程访问。使用 VPN 可以很方便地实现远程访问，比如用户在很远的地方可以使用 VPN 进行访问。由于现实中很多的用户是处于离散的状态下，当需要访问公共资源时，可以使用 VPN。应用此技术可以实现员工可以在任何地方访问公司的办公系统，可以实现员工的移动办公，提高了办公的效率和公共资源的利用率。而且技术人员可以利用这一技术在远程对网络进行数据的维护。

（2）VPN可以实现分支联网。考虑到用户的使用要求，需要将不同地方的局域网并入到一个公用网络上，可使用VPN技术建立虚拟的通道，每一个用户都可以进到需要组建的网络内。

与传统的联网形式相比，使用VPN技术建立的虚拟通道可以在硬件上省去许多，因而通信成本很低，满足了用户对低成本通信的要求，且使用起来具有很强的灵活性。

（3）平台组建的便捷。VPN技术可以将有相同需求的，但处于不同地方的计算机连接起来，通过组成网络，各个计算机可以快捷地交换数据。这个功能很实用，比如在一个公司内部，利用VPN技术可以将不同的部门连接起来，可以进行信息共享。这样可以有效提高办公效率。出差的人员可以随时借助VPN接入公司网络。

（4）节省了专线。通过使用VPN，计算机间的通信可以在虚拟的通道内进行，而不用另外进行网络上的连接，省去了硬件上的投入。这对用户来说，是合适的解决网络通信的方案。

（5）用户安全得到保证。利用VPN进行网络间的通信，由于需要进行用户的认证机制，从而保证了通信间的安全性。

（6）可以对用户进行网络访问控制。使用VPN技术的用户具有认证环节，管理者可以对网络实施有效的管理，通过设定网关，将用户与网络间的资源进行合理调度，按照预先设定好的权限进行网络访问，保证网络的安全性与实施过程的便利性。

第四节　网络入侵检测

随着科技越来越进步，我们能够频繁地接触到计算机病毒、植入木马、转移链接、黑客入侵等这些网络信息安全事件。人们也逐渐地认识到网络安全是非常重要的。网络安全已经变成了现阶段计算机网络领域所遇到的极为重要的问题。正因为如此，在目前的互联网领域内，入侵检测系统作为最新的热门技术进入我们的视野。它能够确保我们的网络信息安全，这在当下是非常难能可贵的。计算机和互联网在人们生活中扮演着越来越重要的角色，不仅让人们的日常生活得更加便捷，而且更重要的是它改变了外界各种信息的传播途径，它能更容易把信息和数据传播给每个人。在人们享受计算机和互联网所带来的便捷和舒适的同时，其实也埋藏着巨大的危机。因为如果有一天我们的计算机网络存在安全问题，那么就一定会造成人们自身的信息被泄露，会对人们带来巨大的安全隐患。更为重要的是如果企业的计算机网络存在安全问题，那么就会把企业内部的重要信息传播出去，那么在极端的情况下甚至有可能会使计算机系统和计算机网络整体崩溃。正因为如此，我们为了防止居心叵测的人设计的木马、病毒等危险因素在网络上传播，有机会侵入我们个人或者企业电脑之中，就一定要有一个确保有效的检测入侵的方法，这就是我们所说的入侵检测系统。

一、入侵检测系统（IDS）

由一个或多个传感器、分析器、管理器组成，可自动分析系统活动，是检测安全事件的工具或系统。系统可以分成数据采集、入侵分析引擎、管理配置、响应处理和相关的辅助模块等。

1. 数据采集模块

为入侵分析引擎模块提供分析用的数据。一般有操作系统的审计日志、应用程序日志、系统生成的校验和数据，以及网络数据包等。

2. 入侵分析引擎模块

依据辅助模块提供的信息按照一定的算法对收集到的数据进行分析，从中判断是否有入侵行为出现并产生入侵报警。该模块是入侵检测系统的核心模块。

3. 管理配置模块

其功能是为其他模块提供配置服务，是入侵检测系统中模块与用户的接口。

4. 响应处理模块

当发生入侵后，预先为系统提供紧急的措施，如关闭网络服务、中断网络连接及启动备份系统等。

5. 辅助模块

协助入侵分析引擎模块工作，为它提供相应的信息，如攻击模式库、系统配置库和安全控制策略等。

二、入侵检测系统的结构

由于 IDS 的物理实现方式不同，即系统组成的结构不同，按检测的监控位置划分，入侵检测系统可分为基于主机、基于网络和分布式三类。

（一）基于主机的入侵检测系统

这是早期的入侵检测系统结构，系统的检测目标主要是主机系统和系统的本地用户。检测原理是在每一个需要保护的主机上运行一个代理程序，根据主机的审计数据和系统的日志发现可疑事件。检测系统可以运行在被检测的主机或单独的主机上，从而实现监控。

这种类型的系统依赖于审计数据或系统日志的准确性和完整性，以及安全事件的定义。若入侵者设法逃避审计或进行合作入侵，就会出现问题。特别是在网络环境下，若单独依靠主机审计信息进行入侵检测，将难以适应网络安全的需求。

基于主机的入侵检测系统可以精确地判断入侵事件，并可对入侵事件立即进行反应；还可以针对不同操作系统的特点来判断应用层的入侵事件，但一般与操作系统和应用层入侵事件的结合过于紧密，通用性较差，并且 IDS 的分析过程会占用宝贵的主机资源。另外，对基于网络的攻击不敏感，特别是假冒 IP的入侵。

基于服务器需要与因特网交互作用，因此在各服务器上应当安装基于主机的入侵检测软件，并将检测结果及时向管理员报告。基于主机的入侵检测系统没有带宽的限制，它们密切监视系统日志，能识别运行代理程序的机器受到的攻击。基于主机的入侵检测系统提供了基于网络系统不能提供的精细功能，包括二进制完整性检查、系统日志分析和非法进程关闭等功能，并能根据受保护站点的实际情况进行有针对性的定制，使其工作效果明显增加，误警率相当低。

（二）基于网络的入侵检测系统

随着计算机网络技术的发展，单独依靠主机审计信息进行入侵检测将难以适应网络安全的需求，因此，人们提出了基于网络的入侵检测系统体系结构。这种检测系统使用原始的网络分组数据包作为进行攻击分析的数据源，通常利用一个网络适配器来实时监视和分析所有通过网络进行传输的通信，一旦检测到攻击，IDS 的相应模块会通过通知、报警以及中断连接等方式来对攻击做出反应。

系统中数据采集模块由过渡器、网络接口引擎和过滤规则决策器组成。它的功能是按一定的规则从网络上获取与安全事件相关的数据包，然后传递给入侵分析引擎模块进行安全分析；入侵分析引擎模块将根据从采集模块传来的数据包并结合网络安全数据库进行分析，把分析结果传送给管理／配置模块；而管理／配置模块的主要功能是管理其他功能模块的配置工作，并将入侵分析引擎模块的输出结果以有效的方式通知网络管理员。

基于网络的入侵检测系统有以下优点：

（1）检测的范围是整个网段，而不仅仅是被保护的主机。

（2）实时检测和应答。一旦发生恶意访问或攻击，基于网络的 IDS 检测就可以随时发现它们，因此能够更快地做出反应，从而将入侵活动对系统的破坏程度降到最低。

（3）隐蔽性好。由于不需要在每个主机上安装，所以不易被发现。基于网络的入侵检测系统的端系统甚至可以没有网络地址，从而使攻击者没有攻击的目标。

（4）不需要任何特殊的审计和登录机制，只要配置网络接口就可以了，不会影响其他数据源。

（5）操作系统独立。基于网络的 IDS 并不依赖主机的操作系统作为其检测资源，而基于主机的 IDS 需要特定的操作系统才能发挥作用。

基于网络的入侵检测系统的主要不足在于：只能检测经过本网段的活动，并且精确度较差，在交换式的网络环境下难以配置，防入侵欺骗的能力也比较差；无法知道主机内部的安全情况，而主机内部普通用户的威胁也是网络信息系统安全的重要组成部分；另外，如果数据流进行了加密，就不能审查其内容，对主机上执行的命令也就难以检测。

因此，基于网络和基于主机的安全检测在方法上是需要互补的。

（三）分布式入侵检测系统

随着网络系统结构的复杂化和大型化，带来了许多新的入侵检测问题，于是产生了分布式入侵检测系统。分布式 IDS 的目标是既能检测网络入侵行为，又能检测主机的入侵行为。系统通常由数据采集模块、通信传输模块、入侵检测分析模块、响应处理模块、管理中心模块及安全知识库组成。这些模块可根据不同情况进行组合，例如，由数据采集模块和通信传输模块组合产生出的新模块能完成数据采集和传输这两种任务，所有这些模块组合起来就变成了一个入侵检测系统。需要特别指出的是，模块按网络配置情况和检测的需要，可以安装在单独的一台主机上，也可分散在网络中的不同位置，甚至一些模块本身就能够单独检测本地的入侵，同时将入侵检测的局部结果的信息提供给入侵检测管理中心。

分布式 IDS 结构对大型网络的安全是有帮助的，它能够将基于主机和基于网络的系统结构结合起来，检测所用到的数据源丰富，可克服前两者的弱点。但是分布式的结构增加了网络管理的复杂度，如传输安全事件过程中增加了对通信安全问题的处理等。

三、入侵检测的基本方法

入侵检测的基本方法主要有基于用户行为概率统计模型、基于神经网络、基于专家系统和基于模型推理等。

（一）基于用户行为概率统计模型的入侵检测方法

这种方法是基于对用户历史行为以及在早期的证据或模型的基础上进行的，系统实时检测用户对系统的使用情况，根据系统内部保存的用户行为概率统计模型进行检测。当有可疑行为发生时，保持追踪并监测、记录该用户的行为。

通常系统要根据每个用户以前的历史行为，生成每个用户的历史行为记录库，当某用户改变其行为习惯时，这种异常就会被检测出来。例如，统计系统会记录 CPU 的使用时间，I/O 的使用通道和频率，常用目录的建立与删除、文件的读与写、修改、删除，以及用户习惯使用的编辑器和编译器，最常用的系统调用、用户 ID 的存取、文件和目录的使用等。

这种方法的弱点主要有以下几点：

（1）对于非常复杂的用户行为很难建立一个准确匹配的统计模型。

（2）统计模型没有普遍性，因此一个用户的检测措施并不适用于其他用户，这将使得算法庞大而且复杂。

（3）由于采用统计方法，系统将不得不保留大量的用户行为信息，导致系统臃肿且难以剪裁。

（二）基于神经网络的入侵检测方法

这种方法是利用神经网络技术来进行入侵检测的，因此对于用户行为具有学习和自适应性，能够根据实际检测到的信息有效地加以处理并做出判断，但尚不十分成熟，目前还没有出现较为完善的产品。

（三）基于专家系统的入侵检测方法

根据安全专家对可疑行为的分析经验形成了一套推理规则，在此基础上建立相应的专家系统。专家系统能自动对所涉及的入侵行为进行分析。该系统应当能够随着经验的积累，利用其自身学习能力进行规则的扩充和修正。

（四）基于模型推理的入侵检测方法

根据入侵者在进行入侵时所执行程序的某些行为特征，建立一种入侵行为模型；根据这种行为模型来判断用户的操作是否属于入侵行为。当然，这种方法也是建立在对已知入侵行为模型的基础上，对未知入侵行为模型的识别需要进一步学习和扩展。

上述每一种方法都不能保证准确地检测出变化无穷的入侵行为，因此，在网络安全防护中要充分衡量各种方法的利弊，综合运用这些方法才能有效地检测出入侵者的非法行为。

第五节　计算机病毒及其防治

计算机病毒是不怀好意的人编写的一种特殊的计算机程序，直接威胁着计算机信息的安全。了解计算机病毒及其防治知识，有着重要的现实意义。下面重点介绍计算机病毒的特征、分类、诊断及预防。

一、计算机病毒的特征

计算机病毒一般具有寄生性、破坏性、传染性、潜伏性和隐蔽性等特征。

（一）寄生性

计算机病毒一般不以独立的文件形式存在，而是寄生在其他可执行程序当中，享有被寄生程序所得到的一切权限。

（二）破坏性

计算机病毒有破坏性，可能破坏整个系统，也可能删除或修改数据，甚至格式化整个磁盘。

（三）传染性

传染性是计算机病毒的基本特征。计算机病毒往往能够主动将自身的复制品或变种传染到其他未被感染的程序当中。

（四）潜伏性

潜伏性是指计算机病毒寄生在别的程序中，一旦条件（如时间、用户操作）满足就开始发作。

（五）隐蔽性

隐蔽性是指染毒的计算机看上去一切如常，不容易被发觉。

二、计算机病毒分类

计算机病毒的分类方法很多，按感染方式可分为引导型、文件型、混合型、宏病毒、Internet 病毒（网络病毒）等五类。

（一）引导型病毒

计算机启动的过程大致如下：开机时，主板上的基本输入/输出系统（BIOS）程序自动运行，然后将控制权交给硬盘主引导记录，由主引导记录去找到操作系统引导程序并执行，最后就看到操作系统界面了（如 Windows 桌面）。

引导型病毒是指在操作系统引导程序运行之前首先进入计算机内存，非法获取整个系统的控制权并进行传染和破坏的病毒。由于整个系统可能是带毒运行的，这种病毒的危害性很大，

（二）文件型病毒

文件型病毒指的是病毒寄生在诸如 .exe、.drv、.bin、.ovl、.sys 等可执行文件的头部或尾部，并修改执行程序的第一条指令。一旦执行这些染毒程序就会先跳转去执行病毒程序，进而传染和破坏。这类病毒只有当染毒程序执行并满足条件时才会发作。

（三）混合型病毒

混合型病毒指的是兼有引导型和文件型病毒特点的病毒，这种病毒最难被杀灭。

（四）宏病毒

所谓宏，就是一些命令排列在一起，作为一个单独命令被执行以完成一个特定任务。美国微软公司的两个基本办公软件 Word 和 Excel 都有宏命令，其文档可以包含宏病毒，该病毒指的是寄生在由这两个软件创建的文档（.doc、.xls、.docx、.xlsx）或模板文档中的病毒。当对染毒文档操作时病毒就会进行破坏和传染。

（五）网络病毒

网络病毒指利用网络传播的病毒，如求职信病毒、蓝色代码病毒、冲击波病毒等。黑客是危害计算机系统的始作俑者，利用"黑客程序"可以远程非法进入他人的计算机系统，截取或篡改数据，危害信息安全。

三、计算机病毒的诊断及预防

计算机病毒由于具有隐蔽性，所以很难被发现。尽管如此，仔细观察，人们还是可以发现蛛丝马迹的，例如，系统的内存明显变小，系统经常出现死机现象，屏幕经常出现一些莫名其妙的信息或异常现象等。

养成良好的计算机使用习惯，可以有效减少病毒的侵害或降低因病毒侵害所造成的损失。这些习惯可归纳如下：

（1）安装杀毒软件和安全卫士。现在完全免费的杀毒软件和安全卫士比比皆是，个人计算机应该同时安装这两类软件，并及时升级，定期查杀、扫描漏洞、更新补丁。

（2）外来的移动存储器应先查杀再使用。

（3）重要的文档要备份，可利用 Ghost 等软件将整个系统备份下来。

（4）不要随便打开来历不明的邮件或链接。

（5）浏览网页、下载文件要选择正规的网站。

（6）有效管理系统所有的账户，取消不必要的系统共享和远程登录功能。

第七章 局域网安全技术探究

第一节 局域网安全风险与特征

网络安全性的主要定义包括两方面，一方面是保障某些网络服务可以正常运行，提供给用户使用，这就要求局域网在面向用户提供网络服务时，需要有选择性提供；另一方面是保证网络信息在进行资源共享或者数据处理时具有信息完整性，这就要求网络要保证信息资源的传播途径和传播范围，保证信息的完整性。一旦网络安全受到威胁，网络系统无法保证向用户提供正常的网络服务，也无法确认网络信息在传播过程中是否被非法侵入从而造成信息不完整。因此，针对可能出现的这种状况，需要在保证网络系统可以正常运行的基础上，提供一些相应的控制方法和安全技术来保障网络的安全性。

为了保障局域网的安全性，需要结合局域网的特点，局域网在人们的生活中应用广泛，很多企业部门也在使用局域网进行日常办公，局域网采用的是集中存放、统一管理数据的方式，根据上述对网络安全性的分析，一旦局域网出现安全风险，会对企业部门造成很严重的影响，尤其是一些公司的重要数据甚至机密数据会出现丢失和泄露的情况，所以，采取安全措施保障局域网的安全运行是非常有必要的。首先，需要对局域网可能出现的安全风险进行分析。

一、局域网可能出现的安全风险

1. 内部攻击

内部攻击从字面意思来理解，就是指由于网络内部用户的行为造成的网络安全隐患。从物理层面来说，局域网分为外部网络和内部网络，它们并不是直接相连的，但是，由于使用一些相同的技术手段，内部网络和外部网络从逻辑层面来说是不可分割的，经常会造成一些内部的网络安全隐患，主要有以下几点：①在设置网络防火墙时，一般放在网络的边界位置，如果攻击者选择从网络内部进行攻击，是不会遇到防火墙阻碍的；②内部网络面向的对象是应用，应用程序的开发是基于用户的需求逐渐增加的，应用程序的增加加大了管理难度，也很容易出现技术上的安全漏洞；③内部网络不注重对数据的加密处理，相应的信任机制不完善，以明文形式进行数据传输，一旦非法入侵者进入网络内部，很容易获取数据；④局域网内部网络带宽高，给内部人员使用黑客工具进行内部扫描节约了更多时间。

2. 摆渡攻击

摆渡是网络信息中的一个专有名词，具体的含义是指当在两个网络间进行了物理隔离，如果彼此之间想要进行信息交换，那么在信息交换过程中攻击物理隔离网络的行为叫作摆渡攻击。根据如今的计算机技术发展状况来看，如果想要进行摆渡攻击是比较容易实现的，只要通过移动存储介质，非法入侵者就可以摆渡攻击物理隔离的网络。具体实现过程如下：攻击者首先控制已连入互联网的计算机，当移动存储介质与计算机进行连接时将"摆渡"木马植入到移动存储介质中去。当使用移动存储介质访问内部网络时，"摆渡"木马获取到这个信息时得到激活，应用程序开始启动，可以自动获取到局域网中重要的文件信息，会对得到的信息进行加密处理，转移到存储介质中去，当移动存储介质再次接入互联网进行资料传输时，攻击者可以通过移动存储介质获取局域网中的文件信息，这就完成了摆渡攻击行为。

3. 非法外联

非法外联指的是局域网的用户非法接入互联网。有些用户为了方便，同时将计算机接入局域网和互联网，这种行为使得内网的物理隔离形同虚设，基本没有安全防御，外部入侵者可以便捷地通过这条线路来控制计算机，由于计算机接入了局域网络，所以，局域网络内部的信息会被人恶意利用。还有另外一种办法，由于工作需求，很多人会把公司内部文件信息移入自己的笔记本中，在家中办公，但是，在接入互联网时曾经在笔记本中存在的局域网内部网络信息还是可以通过某种技术手段被找到，即使已对该部分信息做了物理删除，还是有可能被还原，导致重要信息被提取，破坏信息完整性，危害同域网络安全。

4. 非法接入

联系非法外联的定义，非法接入指的是外部信息系统无法接入局域网络。随着计算机网络的飞速发展，计算机网络的应用遍及生活的方方面面，在进行局域网的线路布置时，通常会在可能出现网络连接的位置预留出相对应的网络接口，随着时间和控制网络接口的工作人员的变化，网络接口会出现无人控制的局面，非法入侵者如果检测到没有安全防范的网络接口，便会通过外部的计算机进入到局域网内部，威胁局域网的安全。

二、无线局域网安全风险分析

无线局域网提供了在有限区域内的无线连接，以基站接入点 AP（Access Point）为中心，覆盖半径一般在 10 米到 100 米之间。

1. 无线信道上传输的数据所面临的威胁。

由于无线电波可以绕过障碍物向外传播，因此，无线局域网中的信号是可以在一定覆盖范围内接听到而不被察觉的。

另外，只要按照无线局域网规定的格式封装数据包，把数据放到网络上发送时也可以被它的设备读取，并且，如果使用一些信号截获技术，还可以把某个数据包拦截、修改，然后重新发送，而数据包的接收者并不能察觉。因此，无线信道上传输的数据可能会被侦听、修改、伪造，对无线网络的正常通信产生了极大的干扰，并有可能造成经济损失。

2. 无线局域网中主机面临的威胁。

无线局域网是用无线技术把多台主机联系在一起构成的网络。当无线局域网和外部网接通后，如果把 IP 地址直接暴露给外部网，那么针对该 IP 的 Dog 或者 DDOS 会使得接入设备无法完成正常服务，造成网络瘫痪。当某个恶意用户接入网络后，通过持续地发送垃圾数据或者利用 IP 层协议的一些漏洞会造成接入设备工作缓慢或者因资源耗尽而崩溃，导致系统混乱。无线局域网中的用户设备通常具有一定的可移动性和比较高的价值。上述过程造成的一个负面影响是用户设备容易丢失。同时硬件设备中的所有数据都可能会泄露。

三、局域网安全防范措施分析

基于上述局域网安全风险的分析，应有目的性地制定相应的局域网安全防范措施，保障局域网络的安全性。

1. 强化系统认证方式，防止出现无授权访问的现象

计算机安全认证技术一定要到位，访问网络的第一道屏障就是身份认证，一旦身份认证出现问题，入侵者掌握网络内部信息将会畅通无阻，目前，主流的身份认证技术是用户名加密码的验证方式，通过设置唯一的用户名进行网络系统的身份认证，但是由于用户名是公开使用的，攻击者如果具有相当高超的网络技术，还是可以破解用户名和密码。基于这种情况，设置账号和密码时管理员需要特别提醒用户，选用高质量的密码，可以在用户注册时给用户发送加强安全风险意识的提示信息，并且指导用户设置高质量的密码。例如，设置包含数字和字符多种符号的密码，不要使用生日、身份等信息作为密码等。特别是在安全性要求较高的局域网络系统中，要采取双因素认证技术。

2. 科学安装主机防火墙，防范内部网络攻击

主机防火墙是安装在主机上的一种软件系统，它主要部署在终端设备上，主要负责对网络权限和网络数据的侦查。主机防火墙在工作时会对正在使用网络的应用程序做一个全面审查，判断应用程序的安全性，当发现有新的程序试图通过网络传递信息，会启动用户报警机制，由用户决定是否允许程序访问网络，这有利于对普通木马程序的防范。主机防火墙在侦查网络数据时，会对网络数据进行检查过滤，关闭不需要的网络通信信道，阻塞攻击流量，从而保护主机的网络服务程序。

3.严格管理存储介质的使用

使用移动存储介质很容易导致摆渡攻击，所以，要严格控制存储介质的管理和使用。首先,需要对存储介质进行分类管理。涉密介质进行涉密信息的处理，非涉密介质进行非涉密信息的处理。对于涉密介质的使用，需要有专门的负责人员，进行专员控制和管理，涉密信息即使在涉密介质中存放也需要做好安全防范措施,进行一定的加密处理,并且做好数据的备份工作,防止意外情况发生。对于非涉密存储介质，不可以用于对涉密信息的处理，防止被非法分子利用，从而危害网络安全。

其次，在使用移动存储介质时，要严格控制使用方法。不可以在涉密计算机系统中使用可写的非涉密移动存储介质，反之亦然。为防止网络内部人员利用局域网内部信息，在使用移动介质的过程中，要有相应的日志记录，将责任捆绑到个人，可以起到一定的威慑作用，万一出现意外状况也有证可循。

最后，是对涉密信息的管理，在使用移动存储介质时要进行木马查杀，保障安全。涉密信息在传输时要进行加密存储，要按照规定选择经过认证的加密算法和加密工具，这是信息保护的最后一道防线，即使非法入侵者拿到涉密信息，没有解密的软件设备或者密钥，破解信息内容也是有一定的难度的。

4.更新安全补丁，保持系统安全

由于系统的运行和软件的安装，很容易破坏网络的安全防御系统，造成一定的安全风险,当然，有些安全隐患的出现是因为应用程序技术上的漏洞，所以，要及时下载一些安全补丁进行系统修复，并且，定期更新系统软件修复系统漏洞。有些木马病毒本身应用的就是计算机技术，所以，只要计算机技术在不断进步和发展，安全风险就不可能完全消除，只有运用最新的技术，不断进行版本更新和漏洞修复,严格把关,才可以有效防范攻击行为,保障局域网络的安全。

通过上述对网络安全性的分析,指出局域网中可能出现的安全风险,并且制定了相应的防范措施,如果能够很好地运用这些局域网的安全防范措施,一定会对保障局域网的网络安全起到很好的作用。但是,随着信息技术的不断发展,没有办法保证不会有新的威胁网络安全的技术出现,所以,要不断关注计算机网络技术的新发展,认真学习新技术,保证局域网络的安全运行。局域网在人们的生活中发挥着极大作用,要全方位做好局域网的安全防范工作,最大限度地保障局域网络的安全。

第二节　局域网安全措施与管理

现阶段,随着经济的快速发展,我国开始步入一个全新的时代——网络时代,它是人们进行信息存储、扩大交际圈和交流的重要手段和工具。但是,网络在给人们提供便利的同时,也产生了较大的威胁,如传输数据被盗、信息被篡改等。而且经调查,我国的信息网络被盗事件频繁发生。因此,加强计算机局域网的保密工作以及采取安全防范措施显得尤为重要,并且已经成为人们共同关注的热点和话题。

一、计算机局域网的构成以及脆弱性

计算机局域网主要是由两大部分组成,分别是信息和实体:实现计算机局域网的安全性主要是依靠信息的保密性以及局域网的实体保护性来完成的。下面主要对这两个方面所存在的缺陷或者其脆弱性进行介绍。

1.计算机局域网的信息保密性缺陷

计算机局域网信息主要是指在计算机终端以及其外部设备上存储的程序、资料等，而计算机局域网的保密隐患之一是信息泄露。

信息泄露指的是计算机局域网的信息被外来黑客或者其他人员有意或者无意地截获、窃取或者收集到其他系统中，而导致泄露的一种现象。而之所以会发生信息泄露，首先是由于一些工作人员对网络知识认知较少，从未对信息泄露这些情况引起重视，很少对网络系统设置保密措施，从而留下安全隐患。其次，数据库的信息具有可访问性，操作系统对数据库缺少保密措施，很容易被拷贝而不留痕迹。最后，很多情况下大量有价值的信息放在一起而没有将其转化为加密文或者严格加密，容易产生一损俱损的情况。

2.局域网的实体保护性缺陷

所谓计算机局域网实体是指对信息进行收集、传输、存储、加工等功能的计算机、外部设备或者是网络部件等。它主要是通过四个渠道进行泄密的。首先，电磁泄漏。电磁泄漏处处存在，它可以借助一些仪器设备对一定范围内计算机正在处理的信息进行接收，而且一旦计算机出现故障，也会导致电磁泄漏情况的发生，从而导致信息泄漏，这是危害局域网实体的一项极为重要的因素。其次，非法终端系统。非法终端泄密是指非法用户通过已有终端上再连接一个非法终端以使信息传输到非法终端上的一种泄密情况。再次，搭线窃取。一旦局域网与外界网络连接，非法用户就会通过未受保护的线路逐渐对计算机内部的数据进行访问和窃取。最后，介质的剩磁效应。一些情况下，尽管存储介质中的信息被删除，但是仍存在可读信息的痕迹，导致原文件仍存在于存储介质中，使信息存在泄密的安全隐患。

二、计算机局域网的安全威胁因素

1. 病毒以及恶意代码

病毒作为计算机系统的一种常见威胁因素，还具备隐藏性强、破坏力强以及易传染等特点，并能够通过网络、网页以及磁盘等多种媒介进行传播。当计算机系统遭受病毒侵袭或者破坏之后，还会直接威胁到整个计算机内部数据信息的安全性，严重情况下会导致计算机硬件以及主板损坏，从而无法正常运转。用户在使用计算机的过程中，如果未正确安装杀毒软件，也容易导致计算机被病毒入侵，并会直接威胁计算机局域网的运行安全。

2. 网络系统的威胁因素

一般情况下计算机局域网与互联网直接建立连接，因为互联网是面向整个网络空间的，还会覆盖非常多的网络以及网络系统，这也就导致了互联网具备开放性的特点，与之相连的计算机局域网也就容易遭受比较多的安全威胁。在计算机局域网的应用过程中，如果未做好相应的安全防护工作，可能会出现黑客攻击或者网络病毒的破坏情况，有些黑客甚至还会窃取以及随意篡改用户信息，并导致该用户遭受非常严重的损失。

3. 局域网自身的非安全因素

局域网内部在运行过程中也存在一定的安全威胁，如局域网内部管理人员因为职业道德缺失或者为了一己私利，而选择随意泄露信息，或者破坏系统内部信息，导致网络口令、结构等信息数据丢失，也就导致了网络系统面临比较多的安全威胁。

三、计算机局域网的安全保密工作

1. 信息安全保密

随着我国互联网技术的不断发展，计算机局域网在人们日常生活与工作中得到广泛应用，这也就更需要做好计算机局域网的信息安全保密工作。首先需要充分了解计算机操作系统中所具备的一些保密信息，然后再进一步提高计算机操作系统中的信息保密强度，最后则需要通过防火墙技术以及现代密码技术，促进计算机局域网的信息安全得到更进一步的提升。除了上述保密措施之外，还要求计算机的使用者能够具备良好的保密意识，不随意下载一些来源不明的文件，这样也能够起到良好的计算机局域网信息安全保密效果。

2. 实体安全保密

部分不法分子还会通过设备以及监管漏洞等多种方式来窃取计算机信息资源，借此来获取个人利益。针对上述问题，要求计算机管理人员做好局域网实体的保护工作，以避免信息安全问题的出现。首先要求对操作系统一定做到物尽其用，如操作人员在进行密码管理的过程中，需要杜绝与外来人员分享，并需要设置服务器的权限，只有这样才能够使得资料具备双重保险，并避免威胁信息安全事件的发生。此外，还需要对出现的问题严格落实问责制度，这样才能够让所有管理人员都能够充分重视上述问题，做好各种计算机实体管理工作。此外，还需要加大对电磁泄漏问题的重视力度，通过采用低辐射设备来降低电磁泄漏的可能性。最后还需要对实体设施进行定期以及不定期的检查工作，对于光缆与计算机终端等易被他人破坏以及自然损害的外在设施也需要及时更换与维修，以保障线路的通畅性。只有在多方共同作业的基础上，才能够保障整个计算机实体的安全，借此来提升整个计算机局域网的运行安全。

四、计算机局域网保密与安全防范措施的研究

所谓网络安全是指在网络服务正常工作的前提条件下，通过网络系统提供的安全工具或者其他手段方式对网络系统的部件、程序、设备或者数据等信息进行保护，以避免出现被他人盗取或者非法访问情况的发生。

1. 计算机局域网信息的保密性

通过以上对局域网信息泄密情况的分析，对其安全防范措施进行改进和提升，主要从以下四个方面来实施：

（1）严格利用计算机网络系统所提供的保密措施。一些网络用户之所以很少使用网络系统所提供的保密措施，是尚未意识到信息泄密所带来的损失、危害，对此类情况没有引起重视。实际上，大多数计算机网络系统上都有与之相关的保密措施，如果对保密措施引起重视，并加强保密措施的操作，那么就能够大大减少信息泄露情况的发生。例如，美国的一家公司，他们的网络系统中有一个 netware 系统，它具有四级保密措施，以此来对公司网络系统中的信息进行保护，以免出现信息外泄的情况。

（2）加强数据库的信息保密措施，同时采用现代密码技术加大对局域网信息的保护力度。数据库的信息之所以出现被盗取的情况，不仅仅是缺少特殊的保密措施，还源于数据库的数据主要是以可读的形式进行存储的，两种高风险数据库数据存储方式大大提高了信息泄密的概率。因此，以上情况数据库的数据保密性应采取其他的保密措施，如采用现代密码技术，将重要数据或者信息转化为非法人员无法破译的密文。

（3）利用防火墙技术对局域网信息进行保护。局域网信息外泄主要是因为内部网络系统与外部系统相连接，因此从根源出发，提高信息的安全性就要切断与外部网络的连通。但是在一些情况下内部网络系统与外部网络连接是不可缺少的，如局域网与广域网的连接，那么可利用防火墙技术，防火墙主要是在局域网和外部网之间建立的一种电子网络系统，它能够对非法人员或者外部网络入侵者进行控制和管理，从而增强信息的安全性，可见防火墙在信息的保护性方面发挥着非常重要的作用。

（4）对存储器的介质剩磁效应进行合理处理。有时候尽管存储介质中的信息、文件等表面上显示被删除，但实际在存储介质中依然存在，就留下了信息泄露的隐患。面对该种情况，如果是软盘出现问题，可采用集中消磁的方法，以防止信息泄露。

2.局域网实体保密的安全防范措施

前面提到，计算机局域网实体的保密性遭到威胁，主要是由于电磁泄漏、非法终端系统、搭线窃取、介质的剩磁效应等四种原因造成的。因此，主要从以下三种改进措施来提升局域网实体的安全性：

（1）防电磁泄漏的措施。显示器是计算机硬件组成中的重要组成部分，并且由于在计算机的保密工作中，显示器是保密性较差的一个环节，加之非法操作人员在盗取信息时通过显示器进行盗取已经是极为成熟的一项技术。而低辐射显示器可以有效避免外界对计算机上的重要信息进行接收。因此，为了防止信息泄露情况的发生，可以选用低辐射设备。此外，除了采用低辐射设备防止信息泄露外，还可采用距离防护、噪声感染等措施，以此来减少电磁泄漏情况的发生。

（2）对局域网实体进行定期检查。对实体进行检查主要是对文件服务器、光缆、电缆、终端系统以及其他外部设备的检查。该种定期检查方式，对防止非法人员侵入网络系统盗取信息有着重要的意义。

（3）对网络记录媒体进行保护和管理。网络记录媒体往往存有重要信息，这些信息存储的安全性较低，往往容易损坏和被盗取。因此，需要对网络记录媒体的信息引起重视，并加强保护和管理。例如，对于一些重要信息，相关人员需要及时拷贝，并对信息进行加密处理。如果有损坏的或者需要废弃的磁盘需要派专人进行销毁和处理。

3.完善计算机局域网的安全管理体系

加强计算机局域网的保密性，除了对局域网的信息和实体进行保护和管理外，不断完善局域网的安全管理体系也有着非常重要的意义。

首先，通过严格的法律来提高局域网的安全性。社会法律和法规是实现社会稳定与安全的重要条件，同样也是局域网实现安全的基石，因此要不断建立和完善相关的法律法规制度，来制衡非法入侵者。其次，采用严格的管理制度，网络系统往往具有较大的连接范围，而不仅限于公司或者是企业内部，因此为了提高局域网的安全性和保密性，应建立信息安全管理办法，加强内部管理的建设，以使网络系统所连接的各个部门、单位不断提升信息的安全意识。再次，通过定期进行入侵检测等方式来实现信息的安全监控，以及时对发现的问题进行处理和解决，并采用硬件与软件相结合的方式组成一个强大的防御系统，可以有效阻止非法人员的入侵和盗取，以降低局域网存在的安全隐患。最后，为保障局域网信息的安全，还需要定期对网络系统中存在的漏洞进行扫描、审计和处理，以免留下安全隐患。

总之，面对计算机局域网的缺陷，除了要不断完善系统的安全保密措施外，还需要加大力度对局域网的安全管理体系进行管理和维护。网络系统安全主要包括三个方面的内容：防火墙技术、入侵检测技术、安全管理。

（1）防火墙技术

防火墙技术对于局域网的安全具有重要的意义，在局域网中有效地使用防火墙，能够确保这个局域网在一个较为安全的内部网络运行，通过将不安全的网络信息过滤，阻止不安全因素入侵网络，威胁网络安全。通过设置防火墙，严格控制进入局域网的各种信息，过滤掉进入局域网的各种信息，从而实现对不安全信息的隔离，继而实现对可能存在潜在威胁的数据信息的集中处理。除此之外，防火墙技术还能有效隔离各种敏感信息，进一步确保局域网安全。

（2）入侵检测技术

入侵检测技术检测的内容包括用户行为、安全日志以及审计信息等信息数据。主要是预防信息闯入系统，危害网络安全。入侵检测技术能够很好地保障计算机的网络安全，一般用来检测和报告系统信息中未经授权以及非常情况的技术，同时也能用于检测局域网中对网络安全可能造成潜在威胁的技术。入侵检测系统在整个局域网安全系统中占有重要的位置。

（3）网络安全管理

首先，要重视对于用户自身安全意识的提高，引导用户加强对网络安全的重视，将责任落实到人，指导用户在局域网安全防护时应用多种手段。其次，要积极地做好网络安全的宣传工作，通过对广大使用者的培训，使用户自身具备一定的安全技术，能够有较好的安全意识；并且对可能出现的安全威胁做出反应，确保网络的安全性。

4. 物理安全防护

计算机局域网的使用人员还需要主动为计算机的运行创造出一个安全、稳定的物理环境空间，在此基础上形成一个牢靠的环境保护体系。在设计局域网的实际架构之前，首先需要合理规范通信线路，对各种不同的硬件设备构造进行合理的架构，为后续计算机局域网的顺利运行奠定一个良好的基础。在此过程中还需要加强对通信线路的安全保护工作，营造出一个安全良好的环境空间，这样也就能够有效避免外来因素所造成的不良干扰以及非法破坏等情况发生，从而保障该计算机局域网的安全。

技术人员需要加大对局域网服务器的检修跟维护力度，为其创造出一个良好的物理工作环境，此外，还需要保障局域网系统在一个温度与湿度适中、干净整洁的环境下运行。最后还需要加大对机房重地的管理力度，禁止一切外部人员进入机房重地，避免人为因素导致计算机局域网安全问题出现。这也就要求加强对机房内部工作人员的思想教育以及培训，来保障所有工作人员都具备良好的工作素质以及工作技能，并且要做好计算机局域网系统的安全防护工作，为计算机的正常运转创造出一个良好的运行环境。

5. 设置访问权限

访问权限设置主要指的是通过严格、周密的访问规则的编制，来加强用户登录过程中的身份认证工作，避免非法访问情况出现的一种计算机权限控制技术。通过设置访问权限的模式也能够对非法用户的进入与访问起到良好的控制效果，它也是一项非常重要的计算机网络安全防护措施。访问权限的设置一方面能够做好局域网的安全防护工作，另一方面还能够合理配置访问权限，来保障各项网络资源得到充分合理的运用。

在操作权限的设置过程中，需要在结合用户自身身份特点以及级别特征的基础上来进行分层次、分级别的控制工作。对于部分机密性比较强的计算机文件，需要创建严密的文件访问权限控制口令，然后在结合该文件重要性以及保密程度的基础上进行安全等级的划分工作，对它做好各种安全标记，以避免出现误操作等问题。此外，要求相关人员加强对网络运行状况的实时检查，一旦发现出现了危险信号需要进行及时的处理，发出警示信息，来避免用户出现更大的损失。

6. 构建安全网络结构

一个安全的局域网的构建，必须是以安全稳定的网络结构为基础的。网络结构会涉及局域网中的许多方面，包括设备配置、通信量估算、网络的应用等，在进行局域网的构建时，必须注重网络结构的设计，在充分发挥已经存在的资源的同时，能够较好地使用先进的网络技术，确保局域网的先进性，简化局域网的构造，才能够构建一个先进完整的局域网。对网络上的链路设置防火墙，并且要严格检测进入局域网的信息，从而保证整个局域网的安全运行。

7. 政务外网安全建设重点考虑的方面

构建一个安全稳定的局域网，还要重视政务外网的建设，加强政务外网的检测。在全国网络的出入口设置安全的检测平台，通过对外网边界安全的防御，收集可能造成网络安全问题的信息，过滤网络信息流，屏蔽非法的信息，能够极大地增强国家对网络的控制，确保局域网的安全。

网络时代的快速发展导致计算机网络信息安全隐患的问题逐渐凸显，计算机局域网所存在的安全隐患不仅会造成高价值信息的泄露，严格情况下还会影响社会的和谐稳定。因此，加强计算机局域网的保密工作与安全防范措施有着重要的意义。而网络系统的安全性问题不是仅仅依靠单方面的网络安全技术就能够解决的，它是一项系统性、复杂性的工程，需要连接各个系统并将多种技术结合在一起，以形成一个有效的安全的网络系统，同时还需要借助完善的安全管理体系。可见，提高局域网的安全性需要从多方面入手，这样才能大大提高局域网的保密性。

第三节　网络监听与协议分析

采用有效的手段检测和分析当前的网络流量，及时发现干扰网络运行、消耗网络带宽的用户十分必要。这种技术就是"网络监听"要解决的管理任务，为了完成任务就有必要了解网络监听的基本原理，熟悉网络通信协议，特别是 TCP/IP 协议数据报结构，理解其中关键字段或标识的含义，同时还要熟悉网络监听工具 Wireshark 使用方法和基本技巧，从而学会捕获并分析网络数据。

一、协议分析软件

1. 概述

分析网络中传输数据包的最佳方式很大程度上取决于身边拥有什么设备。在网络技术发展的早期使用的是 Hub（集线器），只需将计算机网线连到一台集线器上即可。

协议分析仪就是能够捕获并分析网络报文的设备，基本功能是捕捉分析网络的流量，以便找出所关心的网络中潜在的问题。例如，假设网络的某一段运行得不是很好，报文的发送比较慢，而又不知道问题出在什么地方，此时就可以用协议分析仪来做出精确的问题判断。

以太网协议是在同一链路向所有主机发送数据包信息。数据包包含目标主机的正确地址，一般情况下只有具有该地址的主机会接收这个数据包。如果一台主机能够接收所有数据包，而不理会数据包内容，这种方式通常称为"混杂"模式或"P 模式"。这是协议分析仪捕捉数据的基础，它的产生是由共享网络的方式而来的。

2. 工作原理

协议分析仪的工作原理分为两个部分：数据采集捕捉和协议分析。以太网的通信是基于广播方式的，这意味着在同一个网段的所有网络接口都可以访问到物理媒体上传输的数据，而每一个网络接口都有一个唯一的硬件地址，即MAC 地址，长度为 48 字节，一般来说每一网段及其 MAC 地址都是不同的。在 MAC 地址和 IP 地址间使用 ARP 和 RARP 协议进行相互转换。

通常一个网络接口只接收两种数据帧：与自己硬件地址相匹配的数据帧和发向所有机器的广播帧。

网卡负责数据的收发，它接收传输来的数据帧，然后网卡内的单片机程序查看数据帧的目的 MAC 地址，根据计算机上的网卡驱动程序设置的接收模式判断该不该接收。

如果接收则接收后通知 CPU，否则丢弃该数据帧，而丢弃的数据帧直接被网卡截断，计算机根本不知道。CPU 得到中断信号产生中断，操作系统根据网卡的驱动程序设置的网卡中断程序地址，调用驱动程序接收数据，驱动程序接收数据后放入信号堆栈让操作系统处理，网卡通常有以下四种接收方式：

（1）广播方式：接收网络中的广播信息。

（2）组播方式：接收组播数据。

（3）直接方式：只有目的网卡才能接收该数据。

（4）混杂模式：接收一切通过它的数据，而不管该数据是否是传给它的。

以太网的工作机制是把要发送的数据包发往连接在同一网段中的所有主机，在包头中包括目标主机的正确地址，只有与数据包中目的地址相同的主机才能接收到信息包。

但是当主机工作在监听模式下时，不管数据包中的目的物理地址是什么，主机都可以接收到，并且所有收到的数据帧都将被交给上层协议软件处理。

早期的 Hub 是共享介质的工作方式，只要把主机网卡设置为混杂模式，网络监听就可以在任何接口上实现，现在的网络基本上都用交换机，必须把执行网络监听的主机接在镜像端口上，才能监听到整个交换机上的网络信息。这就是网络监听的基本原理。网络监听常常要保存大量的信息，并对其进行大量整理，这会大大降低处于监听的主机对其他主机的响应速度。同时监听程序在运行的时候需要消耗大量的处理时间，如果在此时分析数据包，许多数据包就会因为来不及接收而被遗漏，因此监听程序一般会将监听到的数据包存放在文件中，之后再进行分析。

3. 基本用途

数据包探嗅器有两个主要的使用领域：商业类型的封包探嗅器通常被用于维护网络；另一种就是地下类型的封包探嗅器，用来入侵他人计算机。

典型的数据包探嗅器程序的主要用途包括以下几种：

（1）网络环境通信失效分析。

（2）探测网络环境的通信瓶颈。

（3）将数据包信息转换成人类易于辨读的格式。

（4）探测有无入侵者存在于网络上，以防止其入侵。

（5）从网络中过滤及转换有用的信息，如使用者名字及密码。

（6）网络通信记录，记录下每一个通信的资料，用于了解入侵者入侵的路径。

二、协议数据报结构

网络层协议将数据包封装成 IP 数据包，并运行必要的路由算法，它包括以下四个互联协议：

（1）互联网协议（IP）：在主机和网络之间进行数据包的路由转发。

（2）地址解析协议（ARP）：获得同一物理网络中的硬件主机地址。

（3）互联网控制管理协议（ICMP）：发送消息，并报告有关数据包的传送错误。

（4）互联网组管理协议（IGMP）：IP 主机向本地组播路由器报告主机组成员。

传输协议在计算机之间提供通信会话，传输协议的选择根据数据传输方式而定，常用的两个传输协议有：

（1）TCP（传输控制协议）：提供了面向连接的通信，为应用程序提供可靠的通信连接，适用了一次传输大批数据的情况，并适用于要求得到响应的应用程序。

（2）UDP（用户数据报协议）：提供了无连接通信，且不对传送包进行可靠的保证，适用于一次传输少量数据的情况，可靠性由应用层负责。

1.IP

一方面，IP协议面向无连接，主要负责在主机间寻址并为数据包设定路由，在交换数据前它并不建立会话，因为它不保证正确传递；另一方面，当数据被收到时，IP不需要收到确认，所以它是不可靠的。

2.ARP

ARP用于获得在同一物理网络中的主机的硬件地址，要在网络上通信必须知道对方主机的硬件地址，地址解析就是将主机IP地址映射为硬件地址的过程。

3.ICMP

ICMP用于报告错误并对消息进行控制。ICMP是IP层的一个组成部分，它负责传递报文及其他需要注意的信息。

4.IGMP

IGMP把信息传给别的路由器，以使每个支持组播的路由器获知哪个主机组处于哪个网络中。

正如ICMP样，IGMP也被当作IP层的部分，IGMP报文通过IP数据包进行传输，有固定的报文长度，没有可选数据项。

5.TCP

TCP提供一种面向连接的、可靠的字节流服务，面向连接意味着两个使用TCP的应用在彼此交换数据之前必须先建立一个TCP连接。如果不计任选字段，TCP首部通常是20 Byte。

6.UDP

UDP 是一个简单的面向数据报的传输层协议，进程的每个输出操作都产生一个 UDP 数据报，并组装成一份待发送的 IP 数据报。这与面向流字符的协议（如 TCP）不同，应用程序产生的全体数据与真正发送的单个数据报可能没有什么联系。

UDP 数据报封装成一份 IP 数据报的格式。UDP 不提供可靠性，它把应用程序传给 IP 层的数据发送出去，但是并不保证它们能到达目的地。

端口号表示发送进程和接收进程。由于 IP 层已经把 IP 数据报分配给 TCP 或 UDP，因此 TCP 端口号由 TCP 查看，而 UDP 端口号由 UDP 查看。TCP 端口号与 UDP 端口号是相互独立的。尽管相互独立，但如果 TCP 和 UDP 同时提供某种知名服务，两个协议通常选择相同的端口号。这只是为了使用方便，而不是协议本身的要求。

三、网络监听与数据分析

（一）Wireshark 简介

1997 年年底，Gerald Combs 需要一个能够追踪网络流量的工具软件来作为工作工具，因此开始编写 Ethereal 软件。1998 年 7 月推出其第一个版本 vO.2.0。自此之后，Combs 收到了来自世界范围内的建议、错误反馈和鼓励信件，Ethereal 的发展就此开始。

不久之后，吉尔伯托·拉米雷斯（Gilbert Ramirez）看到了这个软件的开发潜力并开始参与底层接口的开发。1998 年 10 月，来自 Network Appliance 公司的盖伊·哈里斯（Guy Harris）在寻找一套比 Tcpview 更好的软件，于是也开始参与 Ethereal 的开发工作。1998 年年底，一位教授 TCP/IP 课程的讲师理查德·夏普（Richard Sharpe），也看到了这个软件的发展潜力，而后开始加入并参与新协议的支持工作。因此在 Ethereal 上新增的封包捕捉功能，几乎包含了当时所有通信协议。

自此，数以千计的人参与了 Ethereal 的开发。2006 年 6 月，Elhereal 更名为 Wireshark。

Wireshark 可以对大量的数据进行监控，几乎能得到任何以太网上传送的数据包。在以太网中 Wireshark 将系统的网络接口设定为混杂模式。这样，它就可以监听到所有流经同一以太网网段的数据包，且 Wireshark 的安装无需重启系统，十分便于实验教学。

（二）Wireshark 常用功能与特性

下面是 Wireshark 的常用功能：

（1）网络管理员使用它捕获并分析网络流量，帮助解决网络问题。

（2）网络安全工程师用它监控网络活动，测试安全问题。

（3）开发人员用它调试协议的实现过程。

（4）帮助学习网络协议。

下面是 Wireshark 的一些特性：

（1）支持 UNIX 平价和 Windows 平台。

（2）从网络接口捕获实时数据包。

（3）以非常详细的协议方式显示数据包。

（4）可以打开或者存储捕获的数据包。

（5）导入／导出数据包，从其他程序捕获数据。

（6）按多种方式过渡数据包。

（7）按多种方式找寻数据包。

（8）根据过滤条件，以不同的颜色显示数据包。

（9）可以建立多种统计数据。

（三）TCP/IP 报文捕获与分析

报文捕获功能可以通过执行"Capture"菜单栏中的相关命令完成。一般执行"Interfaces"命令，选择网络接口，然后执行"Start"命令，开始捕获报文，执行"Stop"命令，停止捕获。

1. 工作界面分布

整个工作界面可分为以下四个区域。

菜单、工具栏区：主要包括菜单栏、工具栏及过滤交互框。工具栏提供常用工具按钮，以方便用户快速操作；过滤框提供各种过滤条件的设置与生效，以便实现针对性明确的捕获与分析。

工作区：主要显示捕获的报文基本信息，主要包括序号、时间、源地址、目的地址、协议类型、长度及相关信息。这一区域的信息反映了网络运行的过程状态，是发现兴趣点及问题的基础。

报文的协议封装结构及对应的具体数据：反映了工作区选定报文的协议封装结构及相对应的具体数据，用于发现具体的信息和问题。

状态行：位于工作界面最下方。

2. 捕获报文查看

Wireshark 软件提供了强大的分析功能和解码功能。它主要要求分析人员对协议比较熟悉,这样才能看懂解析出来的报文。使用该软件很简单,要能够利用软件解码分析来解决问题,关键是要对各种层次的协议了解得比较透彻。工具软件只提供一个辅助的手段,因涉及的内容太多,这里不对协议进行过多讲解,读者可参阅其他相关的资料。

对于 MAC 地址,Wireshark 软件进行了首部的智能替换,如以"001f9d"开头替换为 Cisco,以"OOeOfc"开头就替换为"Huawei"。这样有利于解析网络上各种相关设备的制造商信息。

3. 设置捕获条件

利用该软件可按照过滤器设置的过滤规则进行数据的捕获或显示,可以通过在菜单栏或工具栏中的相关命令进行。过滤器可以根据物理地址或 IP 地址和协议选择进行组合筛选。

4. 报文解码与分析

(1)ARP 报文解码。

(2)IP 报文分析。IP 报文包括 IP 协议头和载荷,其中对 IP 协议首部的分析是 IP 报文分析的重要内容。关于 IP 报文的详细信息可参考相关资料。下面给出 IP 协议首部的一个结构:

①版本:IPv4。

②首部长度:单位为四字节,最大是 60 字节。

③TOS:IP 优先级字段。

④总长度:单位字节,最大为 65535 字节。

⑤标识:IP 报文标识字段。

⑥标志：占三字节，只用到低位的两个字节。

⑦段偏移：分片后的分组在原分组中的相对位置，共 13 字节，单位为八字节。

⑧寿命：丢弃 TTL（Time To Live）的报文。

⑨协议：携带的是何种协议报文。

⑩首部检验和：对 IP 协议首部的校验。

⑪源 IP 地址：IP 报文的源地址。

⑫目的 IP 地址：IP 报文的目的地址。

第四节　VLAN安全技术与应用

一、VLAN 概述

（一）VLAN 技术

VLAN（Virtual Local Area Network，虚拟局域网）是为解决以太网的广播问题和安全性而提出的一种协议，是一种通过将局域网内的设备逻辑地而不是物理地划分成一个个网段从而实现虚拟工作组的新兴技术。VLAN 具有控制广播、安全性、灵活性及可扩展性等技术优势。

通过使用 VLAN，能够把原来一个物理的局域网划分成很多个逻辑意义上的广域网，而不必考虑具体的物理位置，每一个 VLAN 都可以对应于一个逻辑单位，如部门、机房等。由于在相同 VLAN 内的主机间传送的数据不会影响到其他 VLAN 上的主机，因此减少了有害数据交互的可能性，极大地增强了网络的安全性。

VLAN 的划分方式的目的是保证系统的安全性。因此，可以按照系统的安全性来划分 VLAN：可以将总部中的服务器系统单独划作一个 VLAN，如数据库服务器、电子邮件服务器等。也可以按照机构的设置来划分 VLAN，如将领导所在的网络单独作为一个 Leader VLAN（LVLAN），其他部门（或下级机构）分别作为一个 VLAN，并控制 LVLAN 与其他 VLAN 之间的单向信息流向，即允许 LVLAN 查看其他 VLAN 的相关信息，其他 VLAN 不能访问 LVLAN 的信息。VLAN 之内的连接采用交换机实现，VLAN 与 VLAN 之间采用路由器实现。按照 VLAN 在交换机上的实现方法，可以大致划分为以下三类：

1. 基于端口划分的 VLAN

这种划分方法是根据以太网交换机的端口来划分的，如何配置则由管理员决定。这种划分方法的优点是简单，只要将所有的端口都定义一下即可。

2. 基于 MAC 地址划分 VLAN

这种划分方法是根据每个主机的 MAC 地址来划分的，即对每个 MAC 地址的主机都配置所属的组。这种划分方法的最大优点就是当用户物理位置移动时，即从一个交换机换到其他的交换机时，VLAN 不用重新配置。

3. 基于网络层划分 VLAN

这种划分方法是根据每个主机的网络层地址或协议类型（如果支持多协议）划分的，如根据 IP 地址划分，优点是即使用户的物理位置改变，不需要重新配置所属的 VLAN。另外，这种方法不需要附加的帧标签来识别 VLAN，这样可以减少网络的通信量。

（二）VLAN 技术的安全意义

由于局域网中的信息传输模式是广播模式，因此通过一些技术手段有可能窥探到网络中传输的信息。为了抵御来自内部的侵犯，网络分段是保证安全的一项重要措施，方法在于将此用户与网络资源相互隔离，从而达到限制用户非法访问的目的。

以太网本质上基于广播机制，但应用交换机和 VLAN 技术后，实际上转变为点对点通信，除非设置了监听口，信息交换也不会存在监听和插入（改变）问题。由以上运行机制带来的网络安全是显而易见的，即信息只到达应该到达的地点，从而防止了大部分基于网络监听的入侵手段。通过虚拟网设置的访问控制，使虚拟网之外的网络结点不能直接访问虚拟网内的结点。

二、动态 VLAN 及其配置

VLAN 有静态和动态之分，静态 VLAN 就是事先在交换机上配置好，事先确定哪些端口属于哪些 VLAN，这种技术比较简单，配置也方便，这里主要讨论动态 VLAN 技术及其安全意义。

（一）动态 VLAN 概述

动态 VLAN 的形成也很简单，当由端口自己决定属于哪个 VLAN 时，就形成了动态的 VLAN，它是一个简单的映射，这个映射取决于网络管理员创建的数据库。分配给动态 VLAN 的端口被激活后，交换机就缓存初始帧的源 MAC 地址，随后，交换机便向一个称为 VMPS（VLAN Membership Policy Server，VLAN 成员策略服务器）的外部服务器发出请求，VMPS 中包含一个文本文件，文件中存储进行 VLAN 映射的 MAC 地址。交换机对这个文件进行下载，然后对文件中的 MAC 地址进行校验，如果能在文件列表中找到 MAC 地址，交换机就将端口分配给列表中的 VLAN。如果列表中没有 MAC 地址，交换机就将端口分配给默认的 VLAN（假设已经定义默认的 VLAN），如果在列表中没有 MAC 地址，而且也没有定义默认的 VLAN，则端口不会被激活，动态 VLAN 是维护网络安全的一种非常好的方法。

如果 VMPS 数据库内的 VLAN 与该端口上当前的 VLAN 不匹配，并且该端口上有活动主机，VMPS 会根据安全模式发出拒绝或端口关闭响应。如果交换机从 VMPS 服务器端接收到拒绝接入响应，将会阻止由该 MAC 地址发往此端口或者从此端口发出的数据。交换机将继续监控发往该端口的分组，并在发现新的地址时向 VMPS 或者从此端口来的通信。如果交换机从 VMPS 服务器接收到端口关闭响应，将会立刻关闭端口，并只能手工重新启用。

用户还可以在 VMPS 数据库中添加条目，拒绝待定 MAC 地址的访问。具体方法是将此 MAC 地址对应的 VLAN 名称指定为关键字"—NONE—"。这样，VMPS 就会发出拒绝接入响应或关闭端口。

交换机上的动态端口仅属于一个 VLAN，当偿路信用后，交换机只能在 VMPS 服务器提供 VLAN 分配后才会转发通信，VMPS 客户端从连接到动态端口的新主机发送的首个分组中获得源 MAC 地址，并尝试通过发往 VMPS 服务器的 VQP 请求，在 VMPS 数据库中找到与之匹配的 VLAN。

（二）动态 VLAN 配置

将 VMPS 客户配置为动态时，有一些限制，即在为动态端口指定 VLAN 成员身份时要遵循以下原则：

（1）将端口配置为动态之前，必须先配置 VMPS。

（2）VMPS 客户端必须与 VMPS 服务器处于同一个 VTP 管理域中，且同属于一个管理 VLAN。

（3）如果将端口配置为动态，则会自动在该端口启动 STP 的 PortFast 功能。

（4）如果将一个端口由静态配置为动态端口，端口会立即连接到 VLAN，直到 VMPS 为动态端口上的主机检查其合法性。

（5）静态的 Trunk 不可以改变为动态端口。

（6）Ether Channel 内的物理端口不能被配置为动态端口。

（7）如果有过多的活动主机连接到端口中，VMPS 会关闭动态端口。

三、PVLAN 及其配置

学校联网数据中心（IDC）为学校的众多单位提供主机托管业务，构成了一个多客户的服务器群结构。在这些应用中，数据流的流向几乎都是在服务器与客户之间，服务器间的横向通信几乎没有；相反，属于不同客户的服务器之间的安全就显得至关重要。为了保证托管客户的安全，防止任何恶意的行为和信息探听，需要将每个客户从第一层进行隔离。原先方法是，使用 VLAN 技术给每个客户分配一个 VLAN 和相关的 IP 子网。但随着托管主机的增加，这种给每个客户分配一个 VLAN 和 IP 广域网的模型造成了巨大的扩展方面的局限。

为了解决上述问题，新购进一台支持 PVLAN 的交换机 CiscoCata-lyst356O，通过 PVLAN 机制将这些服务器划分到同一个 IP 子网中，但服务器只能与自己的默认网关通信。

第五节 无线局域网安全技术

一、无线局域网安全问题

无线局域网安全性的一个主要方面是网络互联。互联网已经成为有线和无线网络的大集合，企业需要与内、外部进行通信，人们在开放的系统中工作。通过向有线网络提供一个访问点，无线网络和有线网络就会融合在一起，那么安全方面的中心工作是这两种网络的集成，并使网络的安全功能足够强大，能够记录和识别网络中的所有用户。无安全措施的无线局域网面临以下三大风险：

1. 网络资源一览无遗

一旦某些别有用心的人通过无线网络连接到某人的无线局域网，这样他们就与那些直接连接到此人的 LAN 交换机上的用户一样，都对整个网络有一定的访问权限。限制不明用户访问网络中的资源和共享文档，否则入侵者能够做授权用户所能做的任何事情。在网络上，文件、目录或整个硬盘驱动器能够被复制或删除，或其他更坏的情况，诸如键盘记录、特洛伊木马、间谍程序或其他的恶意程序，它们能够被安装到系统中，并且通过网络被那些入侵者所操纵，这样的后果可想而知。

2. 敏感信息被泄露

只要运用适当的工具，Web 页面就能够被实时承建，这样所浏览过 Web 站点的 URL 就能被捕获下来，则在这些页面中输入的一些重要的密码会被入侵者偷窃和记录下来，如果是信用卡密码之类的，后果不堪设想。

3. 充当别人的跳板

在国外，如果开放的 WLAN 被入侵者用来传送盗版电影或音乐，极有可能会收到 RIAA（美国唱片业协会）的律师信。更极端的事实是，如果因特网链接被别人用来从某个 FTP 站点下载色情文学或其他一些不适宜的内容，或者把它充当服务器，就有可能面临更严重的问题。而且，开放的 WLAN 也可能被用来发送垃圾邮件、DOS 攻击或传播病毒等。

二、无线局域网安全技术

无线局域网具有可移动性、安装简单、高灵活性和扩展能力强的特点，作为对传统有线网络的延伸，在许多特殊环境中得到了广泛的应用。现在国人在任何时间、任何地点都可以轻松上网就是很好的佐证。

由于无线局域网采用公共的电磁波作为载体，任何人都有条件窃听或干扰信息，因此对越权存取和窃听的行为也更不容易预防。常见的无线网络安全技术有以下几种：

（一）服务集标识符

通过对多个无线接入点设置不同的服务集标识符（SSID），并要求无线工作站出示明确的 SSID 才能访问 AP，这样就可以允许不同群组的用户接入，并对资源访问的权限进行区别限制，因此可以认为 SSID 是一个简单的口令，从而提供一定的安全，但如果配置 AP 向外广播其 SSID，那么安全程度还将下降。由于一般情况下，用户自己配置客户端系统，所以很多人都知道该 SSID 很容易共享给非法用户，目前有的厂家支持"任何（ANY）"SSID 方式，只要无线工作站在任何 AP 范围内，客户端都会自动连接到 AP，这将跳过 SSID 安全功能。

（二）物理地址过滤

由于每个无线工作站的网卡都有唯一的物理地址，因此可以在 AP 中手工添加允许访问的 MAC 地址列表，实现物理地址过渡。这种方式要求 AP 中的 MAC 地址列表必须随时更新，可扩展性差；而且 MAC 地址在理论上可以伪造，因此这也是较低级别的授权认证。物理地址过滤属于硬件认证，而不是用户认证。这种方式要求 AP 中的 MAC 地址列表必须随时更新，目前都是手工操作；如果用户增加，则扩展能力很差，因此只适合于小型网络规模。

（三）连线对等保密

在链路层采用 RC4 对称加密技术，用户的加密密钥必须与 AP 的密钥相同时才能获准存取网络的资源，从而防止非授权用户的监听以及 IE 法用户的访问。连线对等保密（WEP）提供 40 位（有时也称为 64 位）和 128 位长度的密钥机制。但是它仍然存在许多缺陷，例如，一个服务区内的所有用户都共享同一个密钥，一个用户丢失钥匙将使整个网络变得不安全。另外，40 位的密钥在现在很容易被破解；密钥是静态的，要手工维护，扩展能力差。目前为了提高安全性，建议采用 128 位加密密钥。

（四）Wi-Fi 保护接入

Wi-Fi 保护接入（Wi-Fi Protected Access，WPA）是继承了 WEP 基本原理而又解决了 WEP 缺点的一种新技术。由于加强了生成加密密钥的算法，因此即便收集到分组信息并对其进行解析，也几乎无法计算出通用密钥。其原理为根据通用密钥，配合表示计算机 MAC 地址和分组信息顺序号的编号，分别为每个分组信息生成不同的密钥，然后与 WEP 一样将此密钥用于 RC4 加密处理。通过这种处理，所有客户端的所有分组信息所交换的数据将由各不相同的密钥加密而成。无论收集到多少这样的数据，要想破解出原始的通用密钥几乎是不可能的。WPA 还追加了防止数据中途被篡改的功能和认证功能。由于具备这些功能，WEP 中此前的缺点得以全部解决。WPA 不仅是一种比 WEP 更为强大的加密方法，而且有更为丰富的内涵。作为 802.Hi 标准的子集，WPA 包含了认证、加密和数据完整性校验三个组成部分，是一个完整的安全性方案。

（五）国家标准

WAPI（WLAN Authentication Privacy Infrastructure）即无线局域网鉴别与保密基础结构，它针对 IEEE802.11 中 WEP 协议安全问题，在中国无线局域网国家标准 GB15629.11 中提出 WLAN 安全解决方案。它的主要特点是采用基于公钥密码体系的证书机制，真正实现了移动终端与无线接入点间的双向鉴别。用户只要安装一张证书就可在覆盖 WLAN 的不同地区漫游，方便用户使用。与现有计费技术兼容的服务，可实现按时计费、按流量计费、包月等多种计费方式。AP 设置好证书后，无需再对后代的 AAA 服务器进行设置，安装、组网便捷，易于扩展，可满足家庭、企业、运营商等多种应用模式。

（六）端口访问控制技术（802.1x）

访问控制的目标是防止任何资源（如计算资源、通信资源或信息资源）进行非授权的访问。非授权访问包括未经授权的使用、泄露、修改、销毁及发布指令等。用户通过认证，只是完成了接入无线局域网的第一步，还要获得授权，才能开始访问其他国内的网络资源，授权主要通过访问控制机制来实现，访问控制也是一种安全机制，它通过访问 BSSID、MAC 地址过滤、访问控制列表等技术实现对用户访问网络资源的限制。访问控制可以基于下列属性进行：源 MAC 地址、目的 MAC 地址、源 IP 地址、目的 IP 地址、源端口、目的端口、协议类型、用户 ID、用户时长等。

端口访问控制（802.1x）技术也是用于无线局域网的一种增强型网络安全解决方案。当无线工作站与无线访问点关联后，是否可以使用 AP 的服务要取决于 802.1x 的认证结果。如果认证通过，则 AP 为 STA 打开这个逻辑端口，否则不允许用户上网。802.1x 要求无线工作站安装 802.1x 客户端软件，无线访问点要内嵌 802.1x 认证代理，同时它还作为 RADIUS 客户端，将用户的认证信息转发给 RADIUS 服务器。802.1x 除提供端口访问控制功能之外，还提供基于用户的认证系统及计费，特别适合于公共无线接入解决方案。

（七）认证

认证提供了关于用户的身份的保证。用户在访问无线局域网之前，首先需要经过认证验证身份以决定其是否具有相关权限，再对用户进行授权，允许用户接入网络，访问权限内的资源。尽管不同的认证方式决定用户身份验证的具体流程不同，但认证过程中所应实现的基本功能是一致的。目前无线局域网中采用的认证方式主要有 PPPOE 认证、Web 认证和 802.1x 认证。

三、无线局域网企业应用

在有线接入网络中，用户只能在具有信息点的位置上网，限制终端用户的活动范围。而 WLAN 建成后，在无线网信号覆盖区域内的任何位置都可以接入网络，使用户真正实现随时、随地、随意地上网。由于 WLAN 技术在二层上与以太网完全一致，所以能够将 WLAN 集成到已有的网络中，也能将已有的应用扩展到 WLAN 中。这样，就可以利用已有的有线接入资源，迅速地部署 WLAN 网络，形成无缝覆盖。WLAN 产品的多模整合是主要的技术趋势，能够支持 802.11a/b/g 的 AP 和其他无线接入产品能够更好地适应用户不同的网络环境和未来发展及技术升级的需要，同时能够保护现有的设备投资。另外，针对无线安全的需求，新的 WLAN 产品将更多地把防火墙、防病毒、身份认证等功能集成到无线交换技术和产品中，使新的 WLAN 能够提供更多自适应、自防御性能。因此无线技术发展的一个总趋势是更加强调移动性、融合性和智能化。

第六节　企业局域网安全解决方案

一、企业局域网安全风险分析

随着互联网急剧扩大和上网用户迅速增加，风险变得更加严重和复杂。原来由单个计算机安全事故引起的损害可能传播到其他系统，引起大范围的网络瘫痪和损失；另外，由于缺乏安全控制机制和对互联网安全政策的认识不足，这些风险日益严重。

针对企业局域网中存在的安全隐患，在进行安全方案设计时，下述安全风险必须认真考虑，并且要针对面临的风险，采取相应的安全措施。下面列出部分风险因素：

1. 物理安全风险分析

网络的物理安全风险是多种多样的。网络的物理安全主要是指地震、水灾、火灾等环境事故；电源故障；人为操作失误或错误；设备被盗、被毁；电磁干扰；线路截获；高可用性的硬件；双机多冗余的设计；机房环境及报警系统；安全意识等。它是整个网络系统安全的前提，在企业局域网内，由于网络的物理跨度不大，因此只要制定健全的安全管理制度，做好备份，并且加强网络设备和机房的管理，这些风险是可以避免的。

2. 网络平台的安全风险分析

网络平台的安全涉及网络拓扑结构、网络路由状况及网络的环境等。

（1）公开服务器面临的威胁

由于企业局域网内公开服务器区（WWW、E-mail 等服务器）作为公司的信息发布平台，一旦不能运行或者受到攻击，对企业的声誉影响巨大。公开服务器必须开放相应的服务；攻击者每天都在试图攻入因特网结点，这些结点如果不保持警惕，可能连攻击者怎么闯入的都不知道，甚至会成为攻击者入侵其他站点的跳板。因此，规模比较大的网络管理员对因特网安全事故做出有效反应变得十分重要。有必要将公开服务器、内部网络与外部网络进行隔离，避免网络结构信息外泄；同时还要对外网的服务请求加以过滤，只允许正常通信的数据包到达相应主机，其他的请求服务在到达主机之前就应该遭到拒绝。

（2）网络结构和路由状况

安全的应用往往是建立在网络系统之上的。网络系统的成熟与否直接影响安全系统成功的建设。在企业局域网系统中，一般只使用了一台路由器，用作与因特网连接的边界路由器，网络结构相对简单，具体配置时可以考虑使用静态路由，这就大大减少了因网络结构和网络路由造成的安全风险。

3. 系统的安全风险分析

系统的安全是指整个局域网网络操作系统、网络硬件平台是否可靠且值得信任。

对于我国来说，没有绝对安全的操作系统可以选择，无论是微软的Windows NT 或者其他任何商用 UNIX/Linux 操作系统，其开发厂商必然有其后门。但是，可以对现有的操作平台进行安全配置、对操作和访问权限进行严格控制，提高系统的安全性。因此，不但要选用尽可能可靠的操作系统和硬件平台。而且，必须加强登录过程的认证（特别是在到达服务器主机之前的认证），确保用户的合法性；并且应该严格限制登录者的操作权限，将其完成的操作限制在最小的范围内。

4. 应用的安全风险分析

应用系统的安全跟具体的应用有关，它涉及很多方面。应用系统的安全是动态的、不断变化的。应用的安全性也涉及信息的安全性，它包括很多方面。

应用系统的安全是动态的、不断变化的，应用的安全涉及面很广，因特网上应用很广泛的 E-mail 系统，其解决方案有几十种，但其系统内部的编码甚至编译器导致的 Bug 却很少有人能够发现，因此有一套详尽的测试软件是相当必要的。但是应用系统是不断发展且应用类型是不断增加的，其结果是安全漏洞也是不断增加且隐藏越来越深。因此，保证应用系统的安全也是一个随网络发展不断完善的过程。

应用的安全性涉及信息、数据的安全：信息的安全涉及机密信息泄露、未经授权的访问、破坏信息完整性、假冒、破坏系统的可用性等。由于企业局域网跨度不大，绝大部分重要信息都在内部传递，因此信息的机密性和完整性是可以保证的。对于有些特别重要的信息需要对内部进行保密的（如领导子网、财务子网传递的重要信息），可以考虑在应用级进行加密，针对具体的应用直接在应用系统开发时进行加密。

5. 管理的安全风险分析

管理是网络中安全最重要的部分。责权不明、管理混乱、安全管理制度不健全及缺乏可操作性等都可能引起管理安全的风险。

责权不明、管理混乱会使得一些员工或管理员随便让一些非本地员工甚至外来人员进入机房重地，或者员工有意无意泄露其知道的一些重要信息，而管理上却没有相应制度来约束。

当网络出现攻击行为或网络受到其他一些安全威胁时（如内部人员的违规操作等），无法进行实时的检测、监控、报告与预警。同时，当事故发生后，也无法提供黑客攻击行为的追踪线索及破案依据，即缺乏对网络的可控性与可审查性。这就要求必须对站点的访问活动进行多层次的记录，及时发现非法入侵行为。

建立全新网络安全机制，必须深刻理解网络并能提供直接的解决方案，因此，最可行的做法是管理制度和管理解决方案的结合。

6. 黑客攻击

黑客的攻击行动是无时无刻不在进行的，而且会利用系统和管理上一切可能利用的漏洞。公开服务器存在漏洞的一个典型例证，是黑客可以轻易地骗过公开服务器软件,得到 UNIX 的口令文件并将之送回。黑客侵入 UNIX 服务器后,有可能修改特权,从普通用户变为高级用户,一旦成功,黑客可以直接进入口令文件。黑客还能开发欺骗程序,将其装入 UNIX 服务器中,用以监听登录会话。当它发现有用户登录时,便开始存储一个文件,这样黑客就拥有了他人的账户和口令。这时为了防止黑客,需要设置公开服务器,使得它不离开自己的空间而进入另外的目录。另外,还应设置用户组特权,不允许任何使用公开服务器的人访问 WWW 页面文件以外的东西。可以综合采用防火墙技术、Web 页面保护技术、入侵检测技术、安全评估技术来保护网络内的信息资源,防止黑客攻击。

7. 病毒及恶意代码

计算机病毒一直是计算机安全的主要威胁。在互联网上传播的新型病毒十分猖獗,如通过 E-Mail 传播的病毒。目前病毒的种类和传播方式也在增加,国际空间的病毒总数已达上万甚至更多。虽然在查看文档、浏览图像或在 Web 上填表都不用担心病毒感染,但是下载可执行文件和接收来历不明的 E-Mail 文件时需要特别警惕,否则很容易使系统遭到严重的破坏。典型的"CIH"病毒就是一个可怕的例子。

恶意代码不限于病毒,还包括蠕虫、特洛伊木马、逻辑炸弹和其他未经同意安装的软件。应该加强对恶意代码的检测。

8. 内部员工的攻击

由于内部员工最熟悉服务器、小程序、脚本和系统的弱点,因此对于已经离职的员工,可以通过定期改变口令和删除系统记录以减少这类风险。但若有心怀不满的在职员工，则这些员工比已经离开的员工可能会造成更大的损失，如他们可以传出重要的信息、泄露安全信息、错误地进入数据库、删除数据等。

二、安全需求与安全目标

1. 安全需求

通过前面对该企业局域网结构、应用及安全威胁分析，可以看出其安全问题主要集中在对服务器的安全保护、防黑客和病毒、重要网段的保护以及管理安全上。因此，必须采取相应的安全措施杜绝安全隐患，具体应该做到：公开服务器的安全保护，防止黑客从外部攻击，入侵检测与监控，信息审计与记录，病毒防护，数据安全保护，数据备份与恢复，网络的安全管理。

针对企业局域网系统的实际情况，在系统考虑如何解决上述安全问题的设计时应满足如下要求：

（1）大幅度地提高系统的安全性（重点是可用性和可控性）。

（2）保持网络原有的特点，即对网络的协议和传输具有很好的透明性，能透明接入，无需更改网络设置。

（3）易于操作、维护，并便于自动化管理，而不增加或少增加附加操作。

（4）尽量不影响原网络拓扑结构，同时便于系统及系统功能的扩展。

（5）安全保密系统具有较好的性能价格比，一次性投资，可以长期使用。

（6）安全产品具有合法性，经过国家有关管理部门的认可或认证。

（7）分步实施。

2. 安全策略

安全策略是指在一个特定的环境里，为保证提供一定级别的安全保护所必须遵守的规则。该安全策略模型包括了建立安全环境的以下三个重要组成部分：

（1）严格的法律。安全的基石是社会法律、法规与手段，这部分用于建立一套安全管理标准和方法，即通过建立与信息安全相关的法律、法规，使非法分子慑于法律，不敢轻举妄动。

（2）先进的技术。先进的安全技术是信息安全的根本保障，用户对自身面临的威胁进行风险评估，决定其需要的安全服务种类，选择相应的安全机制，然后集成先进的安全技术。

（3）严格的管理。各网络使用机构、企业和单位应建立相应的信息安全管理办法，加强内部管理，建立审计和跟踪体系，增强整体信息安全意识。

3. 安全目标

基于以上的分析，我们认为企业局域网网络系统安全应该实现以下目标：

（1）建立一套完整可行的网络安全与网络管理策略。

（2）将内部网络、公开服务器网络和外网进行有效隔离，避免与外部网络的直接通信。

（3）建立网站各主机和服务器的安全保护措施，保证它们的系统安全。

（4）对网上服务请求内容进行控制，使非法访问在到达主机前被拒绝。

（5）加强合法用户的访问认证，同时将用户的访问权限控制在最低限度。

（6）全面监视对公开服务器的访问，及时发现和拒绝不安全的操作和黑客攻击行为。

（7）加强对各种访问的审计工作，详细记录对网络、公开服务器的访问行为，形成完整的系统日志。

（8）备份与灾难恢复——强化系统备份，实现系统快速恢复。

（9）加强网络安全管理，提高系统全体人员的网络安全意识和防范技术。

三、网络安全方案总体设计

1. 安全方案设计原则

在对企业局域网网络系统安全方案设计、规划时，应遵循以下原则：

（1）综合性、整体性原则

应用系统工程的观点、方法，分析网络的安全及具体措施。安全措施主要包括行政法律手段、各种管理制度（人员审查、工作流程、维护保障制度等）及专业措施（识别技术、存取控制、密码、低辐射、容错、防病毒、采用高安全产品等）。一个较好的安全措施往往是多种方法适当综合应用的结果。一个计算机网络包括个人、设备、软件、数据等。这些环节在网络中的地位和影响作用，也只有从系统综合整体的角度去看待、分析，才能取得有效、可行的措施，即计算机网络安全应遵循综合性、整体性原则，根据规定的安全策略制定出合理的网络安全体系结构。

（2）需求、风险、代价平衡的原则

对任一网络，绝对安全难以达到，也不一定是必要的。对一个网络进行实际的研究（包括任务、性能、结构、可靠性、可维护性等），并对网络面临的威胁及可能承担的风险进行定性与定量相结合的分析，然后制定规范和措施，确定本系统的安全策略。

（3）一致性原则

一致性原则主要是指网络安全问题应与整个网络的工作周期（或生命周期）同时存在，制定的安全体系结构必须与网络的安全需求相一致。安全的网络系统设计（包括初步或详细设计）及实施计划、网络验证、验收、运行等，都要有安全的内容及措施，实际上，在网络建设的开始就考虑网络安全对策，比在网络建设好后再考虑安全措施要容易，且花费也小得多。

（4）易操作性原则

首先，安全措施需要人为去完成，如果措施过于复杂，对人的要求过高，本身就降低了安全性。其次，措施的采用不能影响系统的正常运行。

（5）分步实施原则

由于网络系统及其应用扩展范围广阔，随着网络规模的扩大及应用的增加，网络脆弱性也会不断增加。一劳永逸地解决网络安全问题是不现实的。由于实施信息安全措施需相当的费用支出，因此，分步实施即可满足网络系统及信息安全的基本需求，亦可节省费用开支。

（6）多重保护原则

任何安全措施都不是绝对安全的，都可能被攻破。但是建立一个多重保护系统，各层保护相互补充，当一层保护被攻破时，其他层保护仍可保护信息的安全。

（7）可评价性原则

如何预先评价一个安全设计并验证其网络的安全性，这需要通过国家有关网络信息安全测评认证机构的评估来实现。

2. 安全服务、机制与技术

安全服务：控制服务、对象认证服务、可靠性服务等。

安全机制：访问控制机制、认证机制等。

安全技术：防火墙技术、鉴别技术、审计监控技术、病毒防治技术等；在安全的开放环境中，用户可以使用各种安全应用。安全应用由一些安全服务来实现；而安全服务又是由各种安全机制或安全技术来实现的。应当指出，同一安全机制有时也可以用于实现不同的安全服务。

3. 网络安全设计方案

通过对网络的全面了解，按照安全策略的要求、风险分析的结果及整个网络的安全目标，整个网络安全措施应按系统体系建立。具体的安全控制系统由以下几个方面组成：物理安全、网络结构安全、访问控制及安全审计、系统安全、信息安全、应用安全和安全管理。

（1）物理安全

保证计算机信息系统各种设备的物理安全是整个计算机信息系统安全的前提，物理安全是保护计算机网络设备、设施以及其他媒体免遭地震、水灾、火灾等环境事故以及人为操作失误或错误及各种计算机犯罪行为导致的破坏过程。它主要包括以下三个方面。

环境安全：对系统所在环境的安全保护，如区域保护和灾难保护（参见国家标准 GB 50174—2008《电子信息系统机房设计规范》、GB/T2887—2011《计算机场地通用规范》、GB/T 9361—2011《计算机场地安全要求》）。

设备安全：主要包括设备的防盗、防毁、防电磁信息辐射泄漏、防线路截获、抗电磁干扰及电源保护等。

媒体安全：包括媒体数据的安全及媒体本身的安全。

在网络的安全方面，主要考虑两个大的层次：一是整个网络结构成熟化，主要是指优化网络结构；二是整个网络系统的安全。

（2）网络结构安全

网络结构的安全是安全系统成功建立的基础。在整个网络结构的安全方面，主要考虑网络结构、系统和路由的优化。

网络结构的建立要考虑环境、设备配置与应用情况、远程联网方式、通信量的估算、网络维护管理、网络应用与业务定位等因素。成熟的网络结构应具有开放性、标准化、可靠性、先进性和实用性，并且应该有结构化的设计，充分利用现有资源，具有运营管理的简便性，完善的安全保障体系。网络结构采用分层的体系结构，利于维护管理，利于更高的安全控制和业务发展。

网络结构的优化，在网络拓扑上主要考虑到冗余链路；防火墙的设置和入侵检测的实时监控等。

（3）访问控制及安全审计

访问控制可以通过制定严格的管理制度，如《用户授权实施细则》《口令字及账户管理规范》《权限管理制度》等来实现。

审计是记录用户使用计算机网络系统进行所有活动的过程，它是提高安全性的重要工具。它不仅能够识别谁访问了系统，还能看出系统正被怎样地使用。对于确定是否有网络攻击的情况，审计信息对于确定问题和攻击源很重要。同时，系统事件的记录能够更迅速和系统地识别问题，并且它是后面阶段事故处理的重要依据。另外，通过对安全事件的不断收集与积累并且加以分析，有选择性地对其中的某些站点或用户进行审计跟踪，以便对发现或可能产生的破坏性行为提供有力的证据。

（4）系统安全

系统的安全主要是指操作系统、应用系统的安全性以及网络硬件平台的可靠性。对于操作系统的安全防范可以采取如下策略。

1）对操作系统进行安全配置，提高系统的安全性；系统内部调用不对互联网公开；关键性信息不直接公开，尽可能采用安全性高的操作系统。

2）应用系统在开发时，采用规范化的开发过程，尽可能地减少应用系统的漏洞。

3）网络上的服务器和网络设备尽可能采用不同的产品。

4）通过专业的安全工具（安全检测系统）定期对网络进行安全评估。

（5）信息安全

在企业的局域网内，信息主要在内部传递，因此信息被窃听、篡改的可能性很小，是比较安全的。

（6）应用安全

在应用安全上，主要考虑通信的授权，传输的加密和审计记录。这必须加强登录过程的认证（特别是在到达服务器主机之前的认证），确保用户的合法性；然后应该严格限制登录者的操作权限，将其完成的操作限制在最小的范围内。另外，在加强主机的管理上，除了上面谈的访问控制和系统漏洞检测外，还可以采用访问存取控制，对权限进行分割和管理。应用安全平台要加强资源目录管理和授权管理、传输加密、审计记录和安全管理。对应用安全，主要考虑确定不同服务的应用软件并紧密监控其漏洞；对扫描软件不断升级。

（7）安全管理

为了保护网络的安全性，除了在网络设计上增加安全服务功能，完善系统的安全保密措施外，安全管理规范也是网络安全所必需的。安全管理策略一方面从纯粹的管理上即安全管理规范来实现，另一方面从技术上建立有效的管理平台（包括网络管理和安全管理）。安全管理策略主要有：定义完善的安全管理模型；建立长远的并且可实施的安全策略；彻底贯彻规范的安全防范措施；建立恰当的安全评估尺度，并且进行经常性的规则审核。

1）安全管理规范。面对网络安全的脆弱性，除了在网络设计上增加安全服务功能，完善系统的安全保密措施外，还必须加强网络安全管理规范的建立，因为诸多的不安全因素恰恰反映在组织管理和人员录用等方面，而这又是计算机网络安全所必须考虑的基本问题，所以应引起各计算机网络应用部门领导的重视。

安全管理原则：网络信息系统的安全管理主要基于三个原则，即多人负责原则、任期有限原则、职责分离原则。

多人负责原则：每一项与安全有关的活动，都必须有两人或多人在场。这些人应是系统主管领导指派的，他们做事认真可靠，能胜任此项工作；他们应该签署工作情况记录以证明安全工作已得到保障。

任期有限原则：一般来讲，最好不要使同一个人长期担任与安全有关的职务，以免使其认为这个职务是专有的或永久性的。为遵循任期有限原则，工作人员应不定期地循环任职，强制实行休假制度，并规定对工作人员进行轮流培训，以使任期有限制度切实可行。

职责分离原则：在信息处理系统工作的人员不要打听、了解或参与职责以外的任何与安全有关的事情，除非系统主管领导批准。出于对安全的考虑，下面每组内的两项信息处理工作应当分开。

2）安全管理实现。信息系统的安全管理部门应根据管理原则和该系统处理数据的保密性，制定相应的管理制度或采用相应的规范。具体工作有如下几点：①根据工作的重要程度，确定该系统的安全等级；②根据确定的安全等级，确定安全管理的范围；③制定相应的机房出入管理制度对于安全等级要求较高的系统，要实行分区控制，限制工作人员出入与己无关的区域，出入管理可采用证件识别或安装自动识别登记系统，采用磁卡、身份卡等手段，对人员进行识别、登记管理；④制定严格的操作规程，操作规程要根据职责分离和多人负责的原则，各负其责，不能超越自己的管辖范围；⑤制定完备的系统维护制度，对系统进行维护时，应采取数据保护措施，如数据备份等，维护时要首先经主管部门批准，并有安全管理人员在场，故障的原因、维护内容和维护前后的情况要详细记录；⑥制定应急措施，要制定系统在紧急情况下，如何尽快恢复的应急措施，使损失减至最小，建立人员雇用和解聘制度，对工作调动和离职人员要及时调整相应的授权。

第八章　信息科学与技术的应用

第一节　信息及其应用

一、信息

什么是信息？通俗地讲，信息是有意义的消息。我们读报纸、看电视、打电话等都是为了获取外部世界的信息。

信息必须依附于某种载体，所谓载体是指承载信息的媒体。媒体可以是文字、图形、图像、声音等。信息往往以文字、图像、图形、声音等形式出现。

信息包含的内容可以是正确的，也可能是错误的；可以是科学的，也可能是非科学的。人类应学会筛选、鉴别、处理、使用各类信息，抵御不良信息的侵扰。

人类社会赖以生存、发展的三大基础是物质、能量和信息。世界是由物质组成的，能量是一切物质运动的动力，信息是人类了解自然及人类社会的依据，是人类文明赖以发展的基础。信息是事物虚的一面，物质与能量是事物实的一面。过去，人们只是注意到物质和能量对经济发展的重要性，但随着生产力的发展和科学技术的进步，人类对信息的需求变得更加强烈，信息成为发展经济的重要因素。

信息是人类认识世界和改造世界的知识源泉。如果没有信息，没有信息的交换，那么生物就不能进化，自然界就不能协调。对人类来说，如果不能有效地利用信息，就不会有人类的文明、社会的发展和科学的进步，就不能驾驭大自然。人类通过信息认识事物，借助信息的交流，沟通人与人之间的联系，研究事物发展的规律，推动社会前进。人类社会发展的速度，在一定程度上取决于人们对信息利用的水平。因此，必须延长和扩展人类接收信息和处理信息的能力。

二、信息的表现形态

在当代，信息一般表现为文本、声音、图像和数据四种形态。

1. 文本

文本是指书面语言，它与口头语言不同。口头语言是声音的一种形式，文本可以用手写，也可以用机器印刷出来。

2. 声音

声音是指人们用耳朵听到的信息。目前，人们能听到的信息有两种——说话的声音和音响。无线电、电话、唱片、录音机等都是人们用来处理这种信息的工具。

3. 图像

图像能被人们用眼睛看见。它们可以是黑白的，也可以是彩色的；可以是照片，也可以是图画；可以是艺术的，也可以是纪实的。

经过扫描的一页文本和数据的图像，也可被视为一个单独的图像。从技术处理难度来说，在静态的图像和动态的图像、自然的图像和绘制的图像之间，仍存在着很大的差别。

4. 数据

数据通常被人们理解为"数字"。从信息科学的角度来看，数据是指电子计算机能够生成和处理的所有数字、文字、符号等。当文本、声音、图像在计算机里被简化成0和1的原始单位（被转换成二进位制数）时，它们便成了数据。人们储存在数据库里的信息，不仅仅是一些数字。

尽管数据先于电子计算机存在，但是，导致信息经济出现的正是计算机处理数据的这种独特能力。

数据和信息的区别在于：数据是未加工的信息，而信息是数据经过加工以后的能为某个目的使用的数据。将数据加工为信息的过程称为信息加工或处理。

在当代，每一种形态的信息都发生了技术上的重大变化，当数字化信息被输入计算机或从计算机中被输出，数字又可以用来表示上述这些形态中的任何一种或所有的形态，因此数据、文本、声音、图像还能相互转化。

通过四种信息形态中的一种"捕捉"到环境中存在的信息，再把它表示出来。生成信息就是把已知的信息用一种易于理解的形式发送出去或接收过来，就是把信息数字化。一旦信息被数字化——变成0和1，所有形态的信息便都能加以处理。

三、信息的特性

1. 信息的不灭性

一条有价值的信息不但可以持续不断地反复使用，而且可以扩散。信息的不灭性与物质或能量的不灭性不同。物质是不灭的，例如一个碗被打碎，构成碗的物质其原子、分子没有变，但已不是一个碗了。能量也是不灭的，例如电能可以变成热能，但变成热能后电能已经没有了。而信息的不灭性是一条信息产生后，其载体（如一本书、一张光盘）可以变换，可以被毁掉，但信息本身并没有被消灭。

2. 信息价值的时效性

一条信息在某一时刻价值非常高，但过了这一时刻，可能一点价值也没有。大部分信息有非常强的时效性。

3. 信息的可量度性

信息可采用某种度量单位进行度量，并进行信息编码。如现代计算机使用的二进制。

4. 信息的可识别性

信息可采取直观识别、比较识别和间接识别等多种方式来把握。

5. 信息的可转换性

信息可以从一种形态转换为另一种形态。例如自然信息可转换为语言、文字和图像等形态，也可转换为电磁波信号或计算机代码。

6. 信息的可存储性

信息可以存储。大脑就是一个天然信息存储器。文字、摄影、录音、录像以及计算机存储器等都可以进行信息存储。

7. 信息的可处理性

人脑是最佳的信息处理器。人脑的思维功能可以进行设计、研究、写作、改进、决策、发明、创造等多种信息处理活动。计算机也具有信息处理功能。

8. 信息的可传递性

信息可以运用各种通信手段以光速高效率、高质量地输送。信息的传递是与物质、能量的传递同时进行的。语言、表情、动作、报刊、书籍、广播、电视、电话等是人类常用的信息传递方式。

9. 信息的可再生性

信息经过处理后，能以其他形式再生成信息。输入计算机的各种数据、文字等信息，可用以显示、打印、绘图等方式再生成信息。

10. 信息的可压缩性

信息可以进行压缩，可以用不同的信息量来描述同一事物。人们常常用尽可能少的信息量描述一件事物主要特征。

11. 信息的可利用性

信息的复制不像物体的复制，尽管信息的创造可能需要很大的投入，但信息的复制只需要载体的成本，可以大量地、廉价地复制，广泛地传播。

12. 信息的可共享性

因为信息具有扩散性，所以可共享。网络上的信息库和图书馆存储的各种各样的图书资料，谁都可以查询、检索和利用。对于信息来说，不存在一般意义上的交易，即甲将一条信息告诉了乙之后，乙得到了该信息，但甲并不会失去这条信息，信息的可共享性使甲乙双方分享了这条信息。信息只有在成为专利的情况下才会具有排他性，也就是说，信息具有非排他性。

四、信息的应用

信息的应用领域非常广泛，例如，认知、科学探索、知识传播、生产流程的控制、管理（宏观管理、微观管理）、娱乐（声像设备）以及人与人之间的交流等，都需应用信息，各行各业的发展本身就是信息发展的过程。

第二节 信息技术与信息社会

一、信息技术

信息技术是关于信息的搜集、加工、处理、储存、传输和应用的相关技术。

信息技术可以是电子的，也可以是激光的、机械的或生物的。从本质上看，它是能够延长或扩展人的感觉器官、传导神经网络和思维器官等信息器官功能的庞大技术群。

由于信息技术的研究与开发，极大地提高了人类信息应用能力，使信息成为人类生存和发展不可缺少的一种资源。

二、信息技术的主要组成

信息技术应包括建立信息资源的技术、信息处理的技术和信息传递的技术，例如计算机技术、多媒体技术、视频技术、数字技术、传感技术、缩微技术、微电子技术、通信技术、网络技术等。

1. 计算机技术

计算机技术是信息技术的一个重要组成部分。计算机从其诞生起就被用于为人们处理大量的信息，随着计算机技术的不断发展，它处理信息的能力也在不断地加强。计算机发展史可以被看作是人们创造设备来收集和处理日益复杂的信息的过程。现在计算机已经渗透到人类社会生活的每一个方面，现代信息技术一刻也离不开计算机技术。

信息技术应用的产生和发展与计算机技术的进步密切相关，计算机技术还为信息技术应用的产生和发展提供了科学技术基础。

2. 多媒体技术

多媒体技术是 20 世纪 80 年代才兴起的一门技术，它把文字、数据、图形、语音等信息通过计算机综合处理，使人们得到更完善、更直观的综合信息。过去，计算机系统只能处理和输入输出文字信息。相对此而言，这种文字、声音及视频影像的结合方式便称为多媒体。

多媒体微型机系统主要由符合多媒体标准的微型机配置多媒体硬件和软件组成。

多媒体硬件主要指声卡、视频处理显示卡和多媒体载体 CD-ROM 三部分。

多媒体技术的软件部分主要由编辑、管理和控制三种模块组成，其任务主要是压缩数据，处理声、视、影信息和对信息进行导向接口等。此外，还专门设计了一些多媒体应用软件，服务于特殊的事务。

3. 视频技术

信息技术处理的很大一部分是图像和文字，因而视频技术也是信息技术的一个研究热点。

4. 数字技术

在信息技术的发展中，数字技术的发展具有重要的意义。数字技术其实是一种极其简单的系统，即把信息编成 0 或 1 的二进制代码，然后转换成电脉冲。如果代码是 0，电流就不能通过；如果代码是 1，电流就能通过。接收到的信息能根据代码译出原文。数字技术有很多优点，除了高质量的还原之外，数字化还可以使用一条线路传输不同的信息（如声音、图像、文字等），因为这些信息使用同样的代码；并且，通过压缩和解压缩技术，能方便地存储大量的信息；采用数字传送技术可提供高保真的图像。

信息的数字化已经超出计算机范围而影响到其他媒体。如激光视盘已经从家庭娱乐工具一跃成为交互式教学系统中的一个主要角色。数字技术的应用范围十分广泛，电子计算机、电视机、传真机、激光唱片和数字电话等都离不开它。

5. 传感技术

目前，应用传感技术制造红外、紫外等光波波段的敏感元件，可以帮助人们提取那些人眼见不到的信息。应用超声和次声传感器，可以帮助人们获得那些人耳听不到的信息。应用各种嗅敏、味敏、光敏、热敏、磁敏、湿敏以及一些综合敏感元件，还可以把那些人类感觉器官收集不到的各种信息提取出来，从而延长和扩展人类收集信息的功能。

6. 缩微技术

缩微技术是一种信息存储技术，是将资料或图书通过专用设备利用照相原理缩小到底片上，使用时再用专用设备阅读或复印。缩微品体积很小，价格低廉，比印刷品的保存寿命长，也利于保管（如可防虫、防火等），因此缩微技术在图书、情报管理中有着广泛的应用。

7. 通信技术

通信技术是现代信息技术的一个重要组成部分。为了达到联系的目的，使用电或电子设施，传送语言、文字、图像等信息的过程，就是通常所说的通信。

所谓光纤通信技术，就是利用半导体激光器或者发光二极管，把电信号转变为光信号，经过光导纤维传输，再用探测器把光信号还原为电信号，从而实现通信。光纤通信具有许多优点，如频带宽、容量大（一对光纤可同时传送几千万路至上亿路电话，或几千套彩色电视节目）；保密性能好、抗干扰性强；通信质量好、无串音现象；尺寸小、质量轻（光纤芯径即使加上各种防护材料，也比普通电缆轻得多）。

通信技术的发展速度之快是惊人的。从传统的电话、电报、收音机、电视到如今的移动电话、传真、卫星通信，这些新的、人人可用的现代通信方式使数据和信息的传递效率得到很大的提高，从而使过去必须由专业的电信部门来完成的工作，可由行政、业务部门办公室的工作人员直接方便地来完成。通信技术成为办公自动化的支撑技术。

通信技术的数字化、宽带化、高速化和智能化是现代通信技术的发展趋势。现代通信技术与计算机技术一起构成了信息技术的核心内容。

8. 微电子技术

微电子技术就是微型化的电子技术，其目的是使仪器微型化。

微电子技术的发展以集成电路技术的不断完善作为先导。集成电路是电子计算机、通信设备和电子消费品等现代电子装置的基本部件，也是自动化系统的关键部分。

9. 网络技术

网络是计算机与通信这两大现代技术相结合的产物，代表着当前计算机体系结构发展的重要方向。

在信息社会里，拥有信息，特别是知识信息，就能在这个社会里参与经济活动，并在经济活动中拥有竞争力。

在上述信息技术的主要组成中，计算机技术的任务主要是延长人的思维器官处理信息和决策的功能，缩微技术的任务主要是延长人的记忆器官存储信息的功能，传感技术的任务主要是延长人的感觉器官收集信息的功能，通信技术的任务主要是延长人的神经系统传递信息的功能。

三、信息技术的发展阶段

迄今为止，人类社会已经发生过四次信息技术革命。

1. 第一次信息技术革命

第一次信息技术革命是人类创造了语言和文字。语言、文字是当时信息存在的形式，也是信息交流的工具。

2. 第二次信息技术革命

第二次信息技术革命是造纸和印刷技术的出现。这次革命结束了人们单纯依靠手抄、篆刻文字的时代，使得知识可以大量地生产、存储和传播，进一步扩大了信息交流的范围。

3. 第三次信息技术革命

第三次信息技术革命是电报、电话、电视及其他通信技术的发明和应用。这次革命是信息传递手段的历史性变革，大大加快了信息传递速度。

4.第四次信息技术革命

第四次信息技术革命是电子计算机和现代通信技术在信息工作中的应用。电子计算机和现代通信技术的有效结合，使信息的处理速度、传递速度得到了惊人的提高，人类处理信息、利用信息的能力达到了空前的高度。

第四次信息技术革命起源于第二次世界大战以后的美国，在战争以及随后"冷战"时期的军备竞赛中，美国充分认识到技术的优势能够带来军事与政治战略的有效实施，加速了对信息技术的研究开发，取得了一系列突破性的进展。使信息技术从 20 世纪 50 年代开始进入一个飞速发展时期。半个世纪以来信息技术研究开发和应用的发展历史可以分为三个时期：

（1）信息技术研究开发时期

从 20 世纪 50 年代初到 20 世纪 70 年代中期，信息技术的研究与开发可以简称为 3C 时期，即信息技术在计算机、通信和控制领域有了突破。在计算机技术领域，随着半导体技术和微电子技术等基础技术和支撑技术的发展，计算机已经开始成为信息处理的工具，软件技术也从最初的操作系统发展到应用软件的开发。在通信领域，大规模使用同轴电缆和程控数字交换机，使通信能力有了较大提高，在发达国家，初步形成了第二代通信网络。在控制方面，单片机的开发和内置芯片的自动机械开始应用于生产过程。

（2）信息技术全面应用时期

从 20 世纪 70 年代中期到 20 世纪 80 年代末期，信息技术进入全面应用阶段，其特征表现为 3A，即办公自动化、工厂自动化和家庭自动化。由于集成软件的开发，计算机性能、通信能力的提高，特别是计算机和通信技术的结合，由此构成的计算机信息系统已全面应用到生产、生活中，出现了面向对象的计算机网络系统，大量的组织开始根据自身的业务特点建立不同的计算机网络，例如事业和管理机构建立了基于内部事务处理的局域网或广域网；工厂企业为提高劳动生产率和产品质量开始使用计算机网络系统，实现工厂自动化；智能化电器和信息设备大量进入家庭，家庭自动化水平迅速提高，使人们在日常生活中获取信息的能力大大增强，而且更快捷方便。

（3）数字信息技术发展时期

从 20 世纪 80 年代末至今，主要以互联网技术的开发应用和数字信息技术为重点，其特点是互联网在全球得到飞速发展，特别是美国在 20 世纪 90 年代初发起的基于互联网络技术的信息基础设施的建设，在全球引发了信息基础设施（信息高速公路）建设的浪潮，由此带动了信息技术的全面研究开发和信息技术应用的热潮。在这个热潮中，信息技术最重要的进展是数字化信息技术，即 3D 技术：数字化通信、数字化交换、数字化处理技术，这种技术是解决在网络环境下对不同形式的信息进行压缩、处理、存储、传输和利用的关键，是提高人类信息利用能力质的飞跃。

现代信息技术是以微电子技术为基础，把计算机技术和通信技术结合起来，收集、处理、存储和传播语言、文字、图像和数字等信息的一门新技术。在全球信息化的进程中，新的信息技术必将得到广泛的应用和发展。

四、信息技术的发展趋势

信息技术的发展趋势主要表现在以下四个方面：

1. 数字化

信息技术的数字化发展非常迅速，数字化最主要的优点就是便于大规模生产，可大大降低成本。

2. 高速化、大容量化

无论是通信还是计算机，其优势都是速度越来越快、容量越来越大。

3. 个人化

个人化即可移动性和全球性。一个人在世界任何一个地方都可以拥有同样的通信手段，可以利用同样的信息资源和信息加工处理手段。

4. 多元化

21 世纪的信息技术将由电子信息向光子和生物信息技术方向发展，信息的搜集和存储技术将更全面、更广泛、更海量；信息的加工、处理技术将向智能化、快速化、自动化发展；信息的传输、交流技术将向宽带化、多媒体化发展。

五、信息技术对社会的影响

信息技术不仅仅是一种单一的技术力量，席卷全球的信息技术革命全面而深刻地改变了工业社会的传统模式，创建了信息社会的全新生存方式、工作方式，改变了全世界的政治、经济和文化结构。

以计算机为基础的信息技术发展迅猛，日新月异。信息化已经渗透到人类社会的一切领域，导致从经济基础到上层建筑，从生产方式到生活方式的深刻变革。信息技术的发展对社会具有重大意义，主要表现在以下几个方面：

1. 信息技术在社会中起着决定作用

信息技术的发展将改变人们的工作、学习和生活方式。

在信息社会里，信息技术代表世界上最新的生产力。信息技术中囊括了众多与智能有关的技术——用机器代替人脑的技术，因而它的发展能带动整个高新技术的发展，以实现装备的微型化、自动化，并使产品变得短、小、薄、精。更重要的是，信息技术通过纵横交错、高速运行的网络和终端，把所有产业部门和服务部门联系起来，缩小了空间范围，缩短了作业时间，从而形成了新的产业格局。这里所说的服务部门，包括商业、银行业、保险业、邮电通信业、交通运输业、教科文事业和行政事业等。信息技术能将原始状态的信息从无序变为有序，经过通信网络传输到世界各地，在生活和生产中发挥巨大作用。信息技术将在社会中无处不在、无孔不入。

2. 信息知识成了社会的最重要资料

在农业社会中，战略资源是土地；在工业社会中，战略资源是资本；而在信息社会中，战略资源是信息。价值的增加主要靠信息知识，而不是复杂劳动。

信息资源是反映客观事物的各种信息和知识的总称，从广义上理解，它不仅包括人类经济社会活动中积累的信息，也包括信息生产者、信息技术、信息设施和信息环境等信息活动要素。从狭义上理解，特指"人类社会经济活动中经过加工处理，使之有序化并大量积累后的有用信息的集合"。随着人类社会进入信息时代，对信息资源的开发、利用和创新，已成为当今社会经济发展的首要推动力量。

3. 信息产业已成为国民经济的主导

由于信息的猛增，人们急需高度发达的信息收集、处理、传输和检索系统，因此，在工业、农业和服务性行业之外，形成了新的产业，即信息产业。

所谓信息产业，狭义上是指电子信息工业，广义上包含信息设备业、信息网络业和信息服务业等。其中，信息服务业包括信息处理服务、信息提供服务、软件开发服务、信息咨询服务等。随着信息服务业的迅猛发展，世界市场的竞争将不仅是资本、产品的竞争，而更加激烈的是信息的竞争。信息产业已成为国民经济的主导产业。

信息产业不生产物质和能源，而是生产信息。如科研、设计部门生产知识性信息；文化教育、邮电、新闻出版、广告和情报等部门进行信息传播；计算机服务、医务以及各种办公室人员，进行知识或数据等信息处理，产生新的信息等。信息产业人员的共同特点是运用知识进行工作。就是在工业、农业、服务行业里，知识在劳动中也占有越来越重要的比重。

4. 大多数人从事信息知识的管理和生产工作

当今社会中，大多数人从事信息的管理和生产工作，主要是脑力劳动，只有少数人从事商品生产工作。人们必须拥有信息知识，才能参与社会活动，适应环境的变化。在信息社会里，劳动的主体将变为信息工作者。

5. 信息知识更新加快从而促使职业更新频繁

由于信息技术发展，知识以加速方式积累，知识更新的速度也越来越快，信息知识流通量剧增。知识更新的加快，必然会影响到职业的更换。由于科学技术发展带来的知识密集型的生产具有科学技术高度分化又高度综合化的特点，新产业不断涌现，老产业不断更换，人们必须具有较广泛的知识基础，才能适应职业更换的需要。

6. 信息流通发达促使人际交往频繁

由于信息流通十分发达，信息传播速度越来越快，并且信息传送距离也越来越远。因此，人们之间的联系将比以前更频繁，世界已变为一个地球村。

7. 信息流通方便使得人们的物质和精神生活实现高质量、多样化

由于信息的流通变得十分方便，可供人们选择的物质和精神生活方式将更加丰富多彩。

8. 信息技术成为人们的必备工具

信息技术的出现和发展使人们利用信息的方法和手段发生了根本的变化。作为处理信息的工具，计算机已成为信息社会中每个人的有力助手，多媒体网络将面向每个人。

六、当代信息技术对文化教育的影响

阅读、写作和计算被视为传统文化教育的三大基石。过去，世界各国都把阅读、写作和计算这三种能力的培养列为基础教育的首要任务，当代信息技术正是在传统文化教育的三大基础上引发了一场剧烈的变革。

1. 阅读方式的变革

现代教育强调学生的主动学习。学生学习与发展的主要途径之一是在各种形式的阅读中获取资料和信息。当代信息技术所导致的阅读方式变革突出表现在以下三个方面。

（1）从文本阅读走向超文本阅读

自印刷技术产生以来，人类已习惯于阅读文本和从各种图书资料中查找所需信息的方式。文本中知识与信息按线性结构排列，因此阅读与检索的速度和效率有着不可逾越的界限。在信息时代，超文本中知识间的联结是网状的，可以有多种联结组合方式与检索方式，从而给人类带来了一种全新、高效的阅读与检索方式。

（2）从单纯阅读文字发展到阅读多媒体电子读物

传统阅读的材料是文字。在信息时代，电子读物中阅读的对象从抽象化的文字扩展为图像、声音等多种媒体，这就是信息时代的超媒体阅读。这种近乎"全息"的跨时空阅读方式，使阅读和感受、体验结合在一起，大大提高了阅读者的兴趣和效率。

（3）在同电子资料库对话中的高效率检索式阅读

计算机给阅读方式带来的最大变革是高效率检索式阅读方式的出现。运用超文本阅读和计算机自动检索的方式，只需键入关键词，并加以必要的限制，短短几秒钟之后，计算机就会筛选出一个特殊的文本供用户阅读。

这种信息时代的全新阅读与检索方式将促使教师备课方式、学生学习模式和图书馆查阅方式发生巨大变革。这种新的阅读能力应该从小开始培养，还迫切需要给成人补课。这已成为我国跨世纪教育的一项不可忽视的重要使命。

当然，超文本和超媒体阅读能力仍要以传统文本阅读能力为基础，但后者对前者的超越则具有鲜明的时代特征，体现了信息社会对创造性学习能力的挑战与激发。

2. 写作方式的变革

当代信息技术将给写作方式和写作教育带来的变革主要有以下四个方面。

（1）以计算机键盘输入、鼠标输入、扫描输入、语音输入等辅助手写

计算机文字处理系统的出现和日益完善化，极大地提高了人类写作的效率，这不仅表现在计算机文字录入的速度快，更重要的在于功能的扩展使电子写作具有极大的灵活性，可以随意抄写、复制、增补、删除等，这就大大节省了耗

费在写作中的极为庞大的重复性劳动。一旦扫描输入、光笔与数据板输入、语音输入等人机接口技术以及"眼球跟踪器"计算机视觉系统等技术进一步成熟，将会出现更加"友好"的人机对话界面，加快计算机写作模式的普及，这对节省人力资源、提高写作效率将有难以估量的效果。

（2）图文并茂、声情并茂的多媒体写作方式

印刷时代的写作是以文字的写作为主，现在写作内容与形式也发生了变化。在电子媒体的写作中，符号、图像、声音乃至三维动画的使用越来越频繁。这种多媒体的写作形式对于作者与读者之间的沟通、交流和相互理解将越来越重要。

（3）超文本结构的构思与写作

电子文本的结构变化给写作方式乃至思维方式带来的变革更加剧烈。传统文章的写作有固定的线性的文本结构，而电子文本则是灵活多变的网状超文本结构。用纸张书写或印刷的文章只能列出章节的标题，而在计算机屏幕上写作和调阅的文章，则需要把每个段落甚至关键词作为一个独立的单位，并使相互之间建立起多种网络化联系通道和链接，从而以各种不同的顺序提供给读者。尤其重要的是，对每篇文章乃至章节都应选择最适当的关键词来概括其内容，以便给读者提供迅速快捷的检索方式。

（4）在与电子资料库对话中实现阅读与写作的一体化

当超文本、超媒体的电子读物和依靠四通八达的"信息高速公路"网络建立起来的环球巨型资料信息库出现之后，以往作者与读者之间的鸿沟被打破，读者根据自身需要所调阅与组合成的许多文本结构都是前所未有的，因而，属

于读者的创作成果，在这种读者与资料库之间的人机对话中，实现了阅读与写作的一体化。这显然是信息社会中一种极其重要的阅读写作能力，而支撑这种能力的则是更加灵活、开放，也更加复杂、高效的现代意识与现代思维。这种新思维方式又将外化成更加智能化的人机一体化的阅读写作方式，由此开拓越来越广阔的创作时空，并呼唤与此相适应的未来教育模式。

3. 计算方式的变革

传统的计算能力仅与数学和数学教育有关，当计算机的应用扩展到社会生活各个领域之后，促使人们去探究数字与数值计算同社会生活各方面的联系与转化，这就大大拓展了计算的概念，并使整个社会生活越来越数字化。

（1）从数学计算走向运用二进制的数字化模拟和高速运算

计算机应用研究就是探讨如何用二进制来表达各个领域所要解决的问题，并对该领域进行数字化模拟。随着计算机运算速度的惊人发展，尤其是软件技术的日益成熟，以及各种工具平台和友好界面的出现，使人们交给计算机处理问题的指令逐渐由专业化转向通俗化、大众化，使计算机以易学易用的形式步入千家万户，渗透到现代社会生活的方方面面。

（2）文字的数字化使计算机从语言上升为信息文化

文字的数字化是计算机步入人类生活各个领域的一个重要的奠基石。此后，文字所表达和描述的世界都可以转化为二进制的计算机语言，而计算机也开始从技术上升为信息文化。至此，作为人类传统文化三大支柱的读、写、算，在信息文化中不可分割地融为一体。这对未来社会与未来教育的挑战与促进是可想而知的。

（3）图像、声音、影视的数字化使人类进入虚拟现实世界

近年来，风靡全球的多媒体和信息高速公路所创造的数字化改变了人类的生存环境。

多媒体技术正是通过数字化技术的发展和广泛运用来实现的。如今，从图书馆中的巨著，到用声音、图像，乃至将时间之矢综合进来的三维动画表达人类物质与精神世界的巨大的资料库，都可以应用数字化处理后浓缩、隐身于微小的光盘之中。这些高密度的压缩数据在光、电的运载下，纵横驰骋于高速运行的环球"信息高速公路"网络之中，创造出日新月异的数字化生存新天地。

多媒体和信息高速公路正以惊人的速度改变着人们的交往方式、学习方式、工作方式、生活方式，使整个世界越来越数字化、智能化。数字化成为人类把握历史、现实与未来的一种重要文化方式、生存方式和教育模式。

七、信息社会要求普及信息化知识和技能

1. 信息文化和信息素质

进入20世纪90年代以后，"计算机文化"的老提法已被"信息文化"和"信息素质"这类新提法所取代。衡量信息文化水平高低和信息素质优劣的依据不是"程序设计语言知识与程序设计"的能力，而是与"信息获取、信息分析、信息加工和信息利用"有关的基础知识和实际能力。其中，信息获取包括信息发现、信息采集与信息优选；信息分析包括信息分类、信息综合、信息差错与信息评价；信息加工包括信息的排序与检索、信息的组织与表达、信息的存储与变换以及信息的控制与传输等；信息利用则包括如何有效地利用信息来解决学习、工作和生活中的各种问题（例如能不断地自我更新知识、能用新信息提

出解决问题的新方案、能适应网络时代的新生活等）。这种与信息获取、分析、加工、利用有关的知识可以简称为"信息技术基础知识"，相应的能力可以简称为"信息能力"。这种知识与能力既是信息文化水平高低和信息素质优劣的具体表现，又是信息社会对新型人才培养所提出的最基本要求。达不到这方面的要求，将无法适应信息社会的学习、工作、生活与竞争的需要，就会被信息社会所淘汰。从这个意义上可以说，缺乏信息方面的知识与能力就相当于信息社会的"文盲"。

学校开设信息技术课的教学目标是培养学生获取信息、处理信息、交流信息、创新信息的能力，并引导他们逐步在日常生活中应用信息工具实践，将这些能力内化为自身的思维方式和行为习惯，从而形成影响人一生的信息素养品质。在信息时代，信息素养已成为科学素养的重要基础。

2.培养信息传播能力和信息处理能力

衡量一个国家社会信息化程度的指标主要包括两类：一类是信息传播能力，另一类是信息处理能力。为了适应信息技术高速发展及经济全球化的挑战，发达国家已经开始把注意力放在培养学生一系列新的能力上，特别要求学生具备迅速地筛选和获取信息、准确地鉴别信息的真伪、创造性地加工和处理信息的能力。要在各级各类学校积极推广计算机及网络教育，在全社会普及信息化知识和技能。

第三节　信息的处理

信息处理一般包括搜集、加工、传递、存储、提供等步骤。

一、搜集信息

搜集信息是指通过各种方式获取所需要的信息。搜集信息是信息得以利用的第一步，也是关键的一步。搜集信息直接关系到整个信息管理工作的质量。

1.搜集信息的原则

为了保证信息搜集的质量，应坚持以下原则：

（1）准确性原则

搜集到的信息要真实、可靠；信息搜集者必须对搜集到的信息反复核实，不断检验，力求把误差减少到最低限度，这是信息搜集工作的最基本的要求。

（2）全面性原则

搜集到的信息要广泛、全面。只有广泛、全面地搜集信息，才能完整地反映管理活动和决策对象发展的全貌，为决策的科学性提供保障。

（3）时效性原则

信息的利用价值取决于该信息是否能及时地提供，即它的时效性。信息只有及时、迅速地提供给它的使用者才能有效地发挥作用。

2.搜集信息的方式

搜集信息有以下一些方式：

（1）社会调查

社会调查是获得真实可靠信息的重要手段。社会调查是指运用观察、询问等方法直接从社会中了解情况，搜集资料和数据的活动。利用社会调查搜集到的信息是第一手资料，因而比较接近社会，接近生活，能做到真实、可靠。

（2）建立情报网

信息必须准确、全面、及时，而靠单一渠道搜集信息是远远达不到要求的，特别是行政管理和政府决策更是如此。必须靠多种途径搜集信息，即建立信息搜集的情报网。严格来讲，情报网是指负责信息搜集、筛选、加工、传递和反馈的整个工作体系，不仅仅指收集一个环节。

（3）战略性情报的开发

战略性情报是专为高层决策者开发，仅供高层决策者使用的比一般行政信息更具战略性的信息。

（4）从文献中获取信息

文献是前人留下的宝贵财富，是知识的集合体，如何在数量庞大、高度分散的文献中找到所需要的有价值的信息是情报检索所研究的内容。

二、加工信息

加工信息是指将搜集到的原始信息按照一定的程序和方法进行分类、分析、整理、编制等，使其具有可用性。加工信息既是一种工作过程，又是一种创造性思维活动。

1.加工信息的必要性

在信息处理过程中，对原始信息进行加工是必不可少的，其原因如下：

（1）一般情况下原始信息处于一种零散的、无序的、彼此独立的状态，既不能传递、分析，又不便于利用。加工信息可以使其变换成便于观察、传递、分析、利用的形式。

（2）原始信息鱼目混珠，难以区别其真伪和准确性，加工可以对其进行筛选、过滤和分类，达到去粗取精、去伪存真的目的。加工后的信息更具条理性和系统性。

（3）加工可以发现信息搜集过程中的错误和不足，为今后的信息搜集积累经验。

（4）加工可以通过对原始数据进行统计分析，编制数据模式和文字说明，使其产生更有价值的新信息。这些新信息对决策的作用往往更大。

2.加工信息的环节

由于信息量不同，信息处理人员的能力各异，加工信息又没有共同的模式，因而加工信息的环节也不相同。概括起来，加工信息有以下环节：

（1）分类

分类即对零乱无序的信息进行整理并分类，可以按时间、空间(地理)、事件、问题、目的和要求等标准来进行。

（2）比较

比较即对信息进行分析，从而鉴别和判断出信息的价值和时效性。

（3）综合

综合就是按一定的要求和程序对各种零散的数据资料进行综合处理，从而使原始信息升华、增值，成为更加有用的信息。

（4）研究

信息加工人员应对信息进行分析和概括，从而形成有科学价值的新概念、新结论，为决策提供依据。

（5）编制

编制是将加工过的信息整理成易于理解、易于阅读的新材料，并对这些材料进行编目和索引，以便信息利用者方便地提取和利用。

以上这些加工环节可以是递进的过程，也可以同时或穿插交叉进行。应注意环节的相关性和制约性，使它们有机地结合起来。

3. 加工信息的方法

加工信息的方法有许多种，其中统计分析方法是最常用的一种。

统计分析是一种对统计资料进行科学分析和综合研究的工作。统计分析可以通过加工所搜集到的大量的统计资料，揭示社会经济现象在一定时间、地点、条件下的具体数量关系。同时，从这些数量关系中探讨事物的性质、特征及其变化的规律，从而揭露事物的矛盾，提出解决矛盾的办法。

统计分析属于定量分析，它主要从数量上揭示社会经济现象，反映其发展规律，正确、全面地认识客观现象。统计分析还可以通过对社会经济现象进行全面系统的定量观察和综合分析，正确地描述、评价、预测社会经济发展的量变与质变过程，反映客观事物的总体状况及其内在联系。

4. 加工信息的方式

加工信息的方式可分为手工和电子两大类。

（1）手工加工信息

手工处理资料历史悠久。但是，随着科学技术的发展，手工加工的概念也发生了变化，开始只依靠笔和纸，后来又加上算盘和小型计算器。这类技术的特点是所需工具较少，方法灵活，因而被人们广泛采用。即使现在有了电子计算机，手工处理也是不可替代的。手工处理的方式主要用来汇总，所以又称其为手工汇总方式。

（2）电子加工信息

电子计算机运算速度快，存储容量大，因此利用电子计算机可以加工大批量的数据。同时计算机也为资料的更深入加工提供了条件。所以说，电子计算机的问世，为信息处理工作带来了生机。

利用电子计算机加工信息的工作过程大致可分为：

1）选择计算机

电子计算机可分为微型机、小型机、大型机和超大型机。根据资料的数量、加工精度等要求来选择适当的计算机，是利用计算机进行信息加工的关键一步。

2）资料编码

为了使原始数据能方便地输入计算机，必须按照一定的规则对其进行编码。编码就是按照一定的规则把各种数据转化为机器易于接受、易于处理的形式。例如，用 1 代表男，用 0 代表女，从而给性别编码。又如，可给各省、自治区、直辖市编码，以 01 代表北京，02 代表天津等。编码时要注意不重不漏，并且每一编码所代表的内容在实际分析时都应具有独立的意义。

3）选择计算机软件或自编程序

随着计算机的不断发展，一些为方便用户使用计算机的软件包应运而生。软件包就是一些实用工具的总称。即使不懂计算机，也不懂程序设计等任何计算机技术，只要稍加学习，也可以很方便地使用软件包中的工具。大部分软件包都具有数据处理的功能，因此利用软件包可以对大批量数据进行加工。当然，每个软件包各有其功能特点，在使用时要根据不同的目的加以选择。

对于一些有特殊要求的数据处理，需要编制专用程序。编程序必须是计算机专业人员或对计算机有较深了解的人才能完成。

4）数据录入

将要加工的数据录入计算机是一项工作量很大的工作。数据录入本身并不复杂，但是容易出错，因此必须对录入的数据进行检查。只有确保录入数据准确无误，才能保证加工结果正确可信。

5）数据加工

数据录入以后，即可调用已选定的软件包或自编软件，对这些数据进行加工处理。

6）信息输出

数据加工完毕后，计算机可按软件规定的格式将加工结果显示在屏幕上或输送到打印机上。至此整个信息加工的过程基本结束。

7）信息存储

加工以后的信息若不立即使用，则应存入计算机硬盘内或软盘内，待使用时再调出来显示或打印。

三、传递信息

1. 传递信息的重要性

一般情况下，信息提供者和利用者可能不同，信息的提供地和利用地也可能不同，因此，信息只有通过传递才能体现其价值，发挥其作用。特别是行政信息，只有通过不断地传递，才能为决策者及时地提供决策的依据。

2. 传递信息的方式

传递信息的方式是多种多样的：

（1）按照传递信息的流向划分

按照传递信息的流向的不同，可以有单向传递、反馈传递和双向传递三种方式。

1）单向传递

单向传递是由传递者到接收者的单方向传递。

2）反馈传递

反馈传递是先由接收者向传递者提出要求，再由传递者将信息传给接收者，如下级行政机关根据上级机关的要求上报各种数据报表、反映情况、汇报工作等。

3）双向传递

双向传递是指传递者和接收者互相传递信息，传递者和接收者都是双重身份，既是传递者又是接收者，如经验交流会，上下级之间的请示和批复等。

（2）按信息传递时信息量的集中程序划分

按信息传递时信息量的集中程序不同，有集中和连续两种方式。

1）集中式

集中式是时间集中、信息量大的传递方式。

2）连续式

连续式是不间断的、持续的传递方式。

（3）按信息传递的范围或与环境的关系划分

按信息传递范围或与环境关系的不同，有内部传递和外部传递两种方式。

3.传递信息的基本要求

传递信息的基本要求是速度快。如为了使传递速度更快，需要减少信息传递的中间环节，缩短信息传递的渠道，利用一些现代化的传输手段，如电话、电报、传真、计算机联网、有线远程通信、无线通信和移动通信等。

4.信息传输的实现

信息传输之所以能够实现，是由于有了电话等手段。在当代有线通信中，传输就是在同轴电缆上利用电磁波，或在光纤电缆上利用光把各种形态的信息从一端传向另一端。

在简单的传输（诸如利用电话来进行传输）中，被传输的是声音和图像，没有将这两者加以改变。然而，当网络不仅传输各种形式的信息，还履行生成、处理和存储功能时，便会给正在进行的各种经济活动增加巨大的价值，这样的网络被称为增值网络。

四、存储信息

如前所述，信息有四种形态。存储信息通常是指用信息的一种形态来取得信息，并将其保存下来备用。存储信息是跨越时间来传输信息，而传输信息则是跨越空间来传输信息。

1.存储信息的意义和手段

有些信息收集、加工处理完毕后并不是马上就被利用，需要先将这些信息先保存起来。另外，一些有价值的信息使用过后还有第二次，甚至第三次使用的价值，需要将这些信息留存。所以，研究信息如何存储是非常有意义的。

随着信息量的增加，需要存储的信息越来越多，对信息存储的要求也越来越高。因此，传统的手工存储已满足不了需要，必须借助于现代化的手段，如电子计算机、缩微技术等。

2.存储信息的注意事项

存储信息要注意以下问题：

（1）存储的资料要安全可靠

对各种自然的、技术的及社会的因素可能造成的资料毁坏或丢失，都必须有相应的处理和防范措施。利用计算机存储资料，要注意计算机病毒的侵袭和其他不法分子的捣乱破坏，也要防止误操作对资料造成的损坏，对此，要制定机房规章制度，非操作员不允许接触计算机。

（2）对于大量资料的存储要节约存储空间

计算机存储要采用科学的编码规则，缩短相同信息所需的代码，从而节约空间。

（3）存储信息必须存取方便、迅速

存储信息必须满足存取方便、迅速的需要，否则就会给信息的利用带来不便。计算机存储应对数据进行科学、合理的组织，要按照信息本身和它们间的逻辑关系进行存储。

3. 存储信息的方式

如果信息存储方式是静态的（搜集和保存信息），而没有用信息来做任何事情，这种过程被称为"只读存储"（ROM）。然而，电子时代的储存则是动态的，不但能把人们书写的东西储存起来，而且一旦需要，人们还可以进行检索和修改。

五、提供信息

提供信息是为决策者制定决策服务的，因此信息提供的基本原则是以决策者为中心，以决策者的需要为前提。

1. 提供信息的途径

提供信息的途径应该简便、畅通，以保证信息能迅速、准确地提供给决策者。这可以通过减少不必要的中间环节，提高工作人员的办事效率和责任心。

2. 提供信息的方式

提供信息的方式应该多样、有趣。只有这样决策者才乐意接收信息，才可能对所提供信息引起足够的重视。决策者接收的信息经常以报告、简报等形式提供。现在随着各单位管理信息系统的建立，提供信息的方式又可以增加一种，即让决策者直接从计算机中提取所需要的信息。如果管理信息系统的人机界面设计得较好的话，那么决策者可很容易地学会使用这种系统，而且非常乐意接受这种提供信息的方式。

六、分配信息

分配信息是使不同的人们掌握和使用信息的过程。信息的分配有以下三种情况：

①每个人都有已经储存的信息（头脑中的、文字的以及其他形式的），个人运用上述信息系统中的不同部分解决实际问题的过程，这是个人对自己的知识的分配。

②占有某种信息的人们把自己的信息传播给不具有、但需要此种信息的人们，这是个人与个人之间，或群体与群众之间的传授型的信息分配。

③对某些问题存有疑问的人们，有效地利用储存起来的信息系统中的有关资料解决自己的疑难，这是索取型的信息分配。

为了有效地进行各种类型的知识分配，需要开展专门的活动，成立专门的组织机构，有目的、有计划地完成这一工作。

第四节　信息科学及其应用

一、什么是信息科学

信息科学是适应信息社会的发展需要而迅速发展起来的一门新兴边缘科学，是研究信息及其运动规律的科学。它以信息作为主要研究对象，以信息的运动规律作为主要研究内容，以现代科学方法论作为主要研究方法，以扩展人的信息功能作为主要研究目标，以信息论为理论基础。

信息科学研究机器、生物和人类如何获取、存储、变换、处理、传播和控制各种信息，设计、制造出各种智能化的信息处理机器和设备，从而把人类从烦琐的脑力劳动中解放出来。扩展人类的信息器官功能，提高人类对信息的接收和处理的能力，实质上就是扩展和增强人们认识世界和改造世界的能力，这既是信息科学的出发点，也是它的最终归宿。

信息科学研究信息提供、信息识别、信息变换、信息传递、信息存储、信息检索、信息处理、信息时效等一系列问题和过程。

信息科学是在信息论的基础上发展起来的。随着现代科学技术的发展，信息科学也在不断向纵深方向发展。现代信息科学实际上是以信息作为研究核心的一系列主导学科与边缘学科群。

信息科学的创立意义重大。它提出了全新的研究对象，开辟了广阔的研究领域，给整个科学技术的发展带来了新的动力和希望。而且，新的学科往往还启迪新的科学观点和思想，发掘新的研究途径和方法。作为一门新兴学科，它还创造了一套在现代科学发展中具有极其重要意义的独特的研究方法。

信息科学与技术是最活跃、发展最迅速、影响最广泛的科学技术领域之一。它不仅促进了信息产业的发展，而且大大地提高了生产效率。事实已经证明信息科学与技术的广泛应用是经济发展的巨大动力，因此，在信息科学与技术领域，各国的竞争非常激烈，都在争夺信息科学技术制高点。

二、信息科学研究的任务和内容

1. 信息科学的研究任务

信息科学的研究任务是研究信息的性质、信息的取得、信息的传输、检测、存储、处理和控制的基本原理和方法，为人类在信息的海洋中查找所需要的信息时提供理论和技术上的帮助。它包括以下五个方面：

（1）探讨信息的基本概念和本质。

（2）研究信息的数值度量方法。

（3）阐明信息提取、识别、变换、传播、存储、检索、处理、再生、表示、施效（控制）等过程的一般规律。

（4）揭示利用信息在整个组织中的流动过程，以此来描述系统和优化系统的方法和原理。

（5）通过研究人类学习知识、处理知识、利用知识的机制，探讨智能的一般规律。

2. 信息科学的研究内容

信息科学的研究内容包括：阐明信息的概念和本质（哲学信息论）；探讨信息的度量和变换（基本信息论）；研究信息的提取方法（识别信息论）；澄清信息的传递规律（通信理论）；探明信息的处理机制（智能理论）；探究信息的再生理论（决策理论）；阐明信息的调节原则（控制理论）；完善信息的组织理论（系统理论）。

三、信息科学研究的基本科学体系

信息科学的基本科学体系分为三个层次：

1. 信息科学的哲学层次

信息科学的哲学层次包括信息的哲学本质、智能的哲学本质、信息与反映的关系、信息与认识的关系、人工智能与人类智能的关系等。

2. 信息科学的基础理论层次

信息科学基础理论层次的主要任务是研究信息的一般理论。

3. 信息科学的技术应用层次

信息科学的技术应用层次主要研究如何应用信息科学理论在技术上拓展人类的信息功能（特别是其中的智力功能）的问题。

四、信息科学的核心和理论基础

信息科学的核心和理论基础是信息学。信息学是从通信科学发展起来的研究信息量、编码和通信的科学理论。它是人类文明向信息社会形成阶段过渡时期形成的新的学科群，是科学知识中一个飞速发展的具有战略意义的领域。

信息学从研究信息加工方法和手段的技术性学科演变成研究自然界和社会中信息过程规律的基础科学。目前，信息学发展速度最快的四个基本方面是理论信息学、技术信息学、社会信息学和生物信息学。理论信息学是信息学的基础，它主要研究信息和信息过程。技术信息学研究实现信息过程及其自动化的技术手段，即采用电子计算机技术和通信手段进行信息搜集、存储、加工和传播的技术手段。社会信息学研究社会信息资源形成的一般特性和规律。生物信息学研究动植物肌体中信息过程的共同规律和特征。另外，还有矿物信息学、应用信息学等。总之，信息学是研究以计算机技术和通信手段实现信息过程自动化方法的技术学科，从自然界或人类社会的不同领域研究信息和信息传播过程，就可以形成不同领域的信息学。

五、信息科学的研究方法

信息科学的研究有其独特的方法，主要包括以下几种：

1. 信息分析综合法

信息分析综合法是从信息的观点出发，牢牢抓住事物的信息特征，分析事物间的相互联系，揭示其本质规律，从而实现决策目标的完成。

信息分析综合法是信息分析法（解决认识问题）和信息综合法（解决实践问题）的结论。这种结合是有机的，可使信息科学在很大程度上协助人类更有效地解决问题，延长人类的智力功能和体力功能，制造出人类的各种各样的替身（如机器人），从而把人类从自然力的束缚下逐步、彻底地解放出来。因此，可以把信息科学说成是认识论科学。

2. 行为功能模拟法

行为功能模拟法是从行为的观点出发，以行为的相似性为基础，从功能上来模拟事物或系统地对环境影响的反应方式，是信息分析综合法的一个重要发展和实用化。它告诉我们应如何进行信息的分析和综合。这一方法常常又称作"黑箱方法"。

所谓"黑箱"，就是指那些既不能打开，又不能从外部直接观察其内部状态的系统，比如人们的大脑只能通过信息的输入输出来确定其结构和参数，可称作"黑箱"。"黑箱方法"从综合的角度为人们提供了一条认识事物的重要途径，尤其对某些内部结构比较复杂的系统，对迄今为止人们的力量尚不能分解的系统，黑箱理论提供的研究方法是非常有效的。

3.系统整体优化法

系统整体优化法是从系统的观点出发，着重从整体与部分之间、整体与外部环境之间的相互联系中，综合地考察对象，从而达到全面地、最佳地解决问题的目的。

实践证明，物质具有系统属性，我们可以把科学研究的对象看成是一个由基本要素组成的动态系统。在这个系统内外，不仅存在着信息传递、交换，还有对信息的处理和控制。

同行为功能模拟法一样，系统整体优化法也是信息分析综合法的一个重要的发展和实用化。在对任何系统进行信息分析和综合时，一方面要利用其功能的相似，另一方面则要利用其系统的整体优化法，这是信息分析综合法的两个实施法则。只有遵循这两个法则，才能做出最优的信息分析与综合。

以上三种信息研究的方法，对于研究复杂高级过程提供了极为有效的研究指引。复杂系统和高级过程一般都具有极其复杂的成分、复杂的结构、复杂的联系和复杂的行为。信息科学的方法论充分地考虑了这些情况，为有效地研究和解决这种复杂的事物提供了强有力的武器。

第九章 新一代计算机信息技术应用

第一节 云计算技术应用

云计算技术自从 2007 年诞生后，凭借着其众多优点而发展迅速。云计算技术作为下一代信息技术的核心，其产业发展和应用的推广普及，很好地促进了我国产业结构的提升和管理手段的完善。

一、云计算的概念与特点

云计算是一种新的互联网应用模式，是基于互联网的相关服务的增加、使用和交付而建立，其资源具有动态、易扩展、虚拟化的特点，云计算依赖互联网实现。云计算的狭义定义是指基于互联网的、采用按需和易于扩展的方式来获得所需要的资源，IT 基础设施的交付和使用可以被认定为狭义云计算的构建。云计算的广义定义是交付和使用模式的服务，这种基于互联网、采用按需和易于扩展的方式获得所需要资源的服务可以与软件和互联网及其他服务相关，标志着计算能力作为商品在互联网的正式流通。

云计算技术突破传统限制，为现代化企业的管理提供捷径。云计算技术可以在低成本、非破坏的前提下，使企业更大幅度地降低成本和做出更宽泛的选择，云计算技术主要提供超强的数据运算支持和海量的数据存储与管理服务、云服务平台（包含软件、服务和众多解决方案）及软件服务（主要包括数据、信息和安全服务）。

云计算技术的特点包括以下四项：

1.云计算技术可以按照需求提供大规模的服务

云计算是建立在众多分布式排列的集群服务器上的，并且集中所有的服务器资源提供相关的服务。正因为云计算具有庞大数量的服务器，所以，这些服务器汇总在一起就可以提供超强的数据运算能力和海量的数据存储与管理能力，单机很难完成的数据运算和存储可以通过云计算轻松完成。正因为云计算可以有效集中管理各类资源，才能够满足用户的各种需求，并且帮助企业扩展业务领域和提升管理水平。

2.云计算技术在使用方面高度便捷

在云计算技术服务下，所有的数据和服务都存储在云端，通过用户终端的指令进行资源调配和部署，这就意味着用户可以在任何场合和时间下，借助手机、电脑等各种终端，通过预制的虚拟标准操作界面进入云服务平台，对数据和应用进行操作，让工作变得更加便捷、高效。

3.云计算技术提供可以扩展的数据安全服务

云计算平台提供高度集中化和非常安全可靠的数据存储服务，与将数据存储在个人电脑中相比，将数据存储在云端，可以完全避免因为病毒入侵，以及其他各种不可抗因素所造成的数据损坏。另外，云计算运营商拥有专业的团队对用户信息进行管理和备份，并且云计算在权限管理方面也再一次加强了数据的安全保障。

4. 成本效益

由于云计算模式的特点，所以，数据的大规模运算和存储管理都可以交由云端平台处理，用户仅需要通过终端的虚拟标准操作界面远程对云计算平台操作即可，而无须投入大成本构建高硬件配置终端，从而大幅降低用户所花费在管理和维护设备设施上的费用，降低企业运营成本，让企业拥有更多现金投入科研开发和创新中。

二、云计算技术在智慧城市中的应用

智慧城市云计算技术应用就是通过信息栅格 + 云计算 4S 服务（IaaS、DaaS、PaaS、SaaS），综合集成智慧城市所有的信息、数据、基础设施，包括所有的通信设施、计算机软硬件系统、信息平台、数据库系统和应用系统等。通过信息栅格 + 云计算 4S 服务能够提供端到端的能力，这意味着信息与数据任意两个节点之间能够进行直接的信息交互，包括网络、计算、存储、数据、信息、平台、软件、知识、专家等资源的互联互通，消除信息孤岛和资源独岛，实现网络虚拟环境上的资源共享和协同工作。

智慧城市信息栅格 + 云计算技术应用的核心要素是目标技术架构。以"云计算中心"（虚拟化中心节点）模式为基础，采用信息栅格 + 云计算中心"4S 云服务"模式可以进一步扩展系统集成的概念。同时着重强调通过将终端用户应用迁移到基于 Web 界面和将终端用户转移到虚拟桌面可视化界面环境，来改善终端用户对资源的访问。这些目标将通过实施 IT 服务组合和相应资源管理控制来实现。

三、云计算技术在土木工程中的应用

1. 推进工程建设行业的资源整合

实现资源共享集成和调配现有的施工、设计、监理、质量控制及材料供应等企业资源，并且将现有分散的、自成一体和本地化的网络平台转变为一个由具体网络运营环境、网络服务系统、网络操作系统组成的强大的、统一的云计算平台，是工程建设行业构建行业云计算系统的基础。对各个施工企业的资源汇总，并形成工程建设行业的管理体系和资源共享空间，就能实现各企业资源共享，杜绝企业之间的资源浪费和重复，从而间接提高工程建设行业具体的管理水平，促进工程建设行业的产业变革及应用创新，使工程建设行业在国际上更具竞争力。

2. 构建内、外双层云计算系统

构建云计算系统是一项巨大的工程，而工程建设行业拥有众多的软件和硬件设施，如果盲目地采用全新的计算来替换之前的服务器，需要投入巨大的人力、物力和资金，并且仓促地改变之前的工作流程和方法，很可能造成网络安全出现漏洞及技术的流失。而基于现在的虚拟化技术，可以采用更好的方法实现云计算。首先，通过对施工、设计、监理、质量控制以及材料供应等企业当前的数据中心进行汇总，构建内部云计算，进而保证了数据安全。同时，引进云计算运营商，共同建立可以与内部云计算兼容的外部云计算，进行统一的管理和动态的操作，从而保证将内部资源和外部资源共享，有助于各个企业进行资源共享和权限管理，更好地实现工程建设行业的统一。

3.加快具有工程建设领域特色的视频云建设

借助计算机远程监控、设计集成、材料检测、模式识别，与人工智能自动控制等相关技术，实现视频云服务，其对象主要为施工、设计、监理、质量控制及材料供应等企业。通过视频也可以实现对工程品质、设计集成、材料检测、安全监控和环境监控等进行实时图像监控与管理。

视频云主要通过四个结构实现，分别是视频存储结构、控制管理结构、视频输入结构和视频应用结构。视频输入结构是通过摄像头等传输设备和媒介在推介视频网络中反映出工程进度和环境监测；视频存储结构主要用于所拍摄视频的存储和管理；控制管理结构则是使用集成和分布的系统通过内、外的云计算服务，借助通用的接口对数据进行加密和备份，并且负责数据的交换和安全；视频应用结构则是作为智能化视频应用平台为企业提供工程远程监控、设计集成、材料检测、环境监测、联动指挥和实时沟通等服务。

第二节　大数据技术应用

大数据将给各行各业带来变革性机会，但真正的大数据应用仍处于发展初级阶段。下面就目前大数据在电子政务、网络通信、医疗、能源、零售、气象、金融等行业的应用进行简单阐述。

一、大数据在电子政务中的应用

大数据的发展，将极大改变政府现有管理模式和服务模式。具体而言，就是依托大数据的发展，节约政府投入，及时有效地进行社会监管和治理，提升公共服务能力。借助大数据，还能逐步实现立体化、多层次、全方位的电子政务公共服务体系，推进信息公开，促进网上电子政务开展，创新社会管理和服务应用，增强政府和社会、民众的双向交流、互动。

二、大数据在网络通信业的应用

大数据与云计算相结合所释放出的巨大能量，几乎波及所有的行业，而信息、互联网和通信产业将首先受到影响。特别是通信业，在传统话音业务低值化、增值业务互联网化的趋势中，大数据与云计算有望成为其加速转型的动力和途径。对于大数据而言，信息已经成为企业战略资产，市场竞争要求越来越多的数据被长期保存，每天都会从管道、业务平台、支撑系统中产生海量有价值的数据，基于这些大数据的商业智能应用将为通信运营商带来巨大机遇和丰厚利润。例如，电信业可通过数以亿计的客户资料，分析出多种使用者行为和趋势，卖给需要的企业，这是全新的信息经济。中国移动通过大数据分析，对企业运营的全业务进行有针对性的监控、预警、跟踪，系统在第一时间自动捕捉市场变化，再以最快捷的方式推送给指定负责人，使他在最短时间内获知市场行情。

（一）通信行业获取数据的途径与方式

在大数据时代背景下，海量的数据规模、多变的数据类型，为数据信息的获取提供了前提条件，但是，这也大幅提升了信息获取的难度。因此，在获取相关数据信息的时候，就需要遵守相关的规则，才能够保证在最短的时间内，获取最有用的信息。

1. 获取原则

（1）数据结构化

数据结构化能够方便人们对信息进行储存和获取，通信行业就需要建立完善的结构化数据体系，通过控制时间流、逻辑关系以及各种位置信息等促进数据结构化的完善。

（2）强调必须性

在网络时代下，数据信息一直在更新出现，可以说数据信息是无边无际的，这也就导致在获取所需数据的时候，需要付出更多成本和资金。因此，需要结合必须性原则，尽可能支持有价值数据业务的发展，避免对无用数据付出代价。

（3）实现科学分享

数据要实现分享才能够保证发挥其最大的价值，采取科学的手段进行数据分享，能够最大限度提高通信行业的影响力，但是必须保证数据稳定与安全，并且需要为用户的隐私保密。

2. 需要获取的数据类型

通信行业获取数据的主要目的就是提升自身企业的经济效益，扩展经营渠道，满足当前产业链条的需求。要实现此目的，就需要采取大数据手段，及时了解客户的需求情况，结合经营产品特点等，使通信企业提供的服务能够满足用户的需求，并且要以此为基础，开发出更多的数据运用方法。在当前通信行业之中，用户数据、产品数据、网络数据利用频率比较高。

（1）用户数据

用户数据包括用户的基本信息，如年龄、性别、居住点等，对用户的兴趣爱好、消费水平、生活轨迹以及关系圈等也会有一定程度的了解。

（2）产品数据

通信行业获取产品数据的目的，就是希望能够准确掌握当前产品的特点，及时了解产品的需求信息，产品形态、声音、图片、视频等，另外，也要获取产品销售渠道、类型、需求等方面的信息。

（3）网络数据

通信行业获取网络数据的目的就是能够对自身能力进行实时了解，这样通信行业在制定发展策略时，安全性才会更高。

（一）大数据背景下通信行业获取数据的途径

在社会不断发展过程中，人们对通信行业服务质量也提出了更高的要求，与此同时，数据流量也在不断增多，在这样的市场需求之下，通信行业想要提升经济效益，就必须科学利用大数据，实现通信行业经济效益的增长。

1. 优化业务创新能力

通信行业需要利用大数据，能够对庞大的数据展开分析，并且能够认真分析用户的需求，结合客户的需求，为其提供最满意的服务，这样就需要在通信产品设计与开发方面投入足够的精力。在用户功能上线之后，通信行业要对用户进行调查，调查业务发展、采购、使用等过程中存在的问题，并且积极采取有针对性的措施解决问题，为用户提供最优质的服务，确保服务的质量。

2. 提高营销效率

通信行业要对用户的踪迹特点和行为特征进行分析，从庞大的客户群体之中选取目标客户，然后再对这部分客户进行细致的分类，结合不同类型客户的特点，有针对性地提供产品，最后再根据不同用户的特点，准备精细的营销策略。

采取这种形式，客户对通信行业服务质量会更加满意，通信行业的营销效率也会有很大程度的提升。

3. 探索新型盈利模式

（1）加强前期服务

通信行业要加强创新能力，实现营销的推广，使通信行业的综合服务质量得到提升。在此前提下，使服务更具针对性，这样产品质量与价值才能够得到用户的认可。

（2）完善后期服务

通信行业在服务过程中，需要涉及很多方面的内容，如开发、策划、优化等，这就需要建立以数据分析为核心的服务体系，及时获取用户在享受服务过程中提出的意见，提升通信行业竞争力。

（3）加大宣传力度

采取广告宣传的方式，使通信行业能够拥有更加庞大的用户群。

4. 加强行业链条的影响力

诸多通信行业大数据应用成功的例子表明，数据是实现移动网络运行的关键因素，通信行业需要对数据进行科学有效的掌控，才能够拥有更强的市场支配权，提升通信行业的经济效益。通信行业在竞争过程中，不仅要牢牢抓住市场、产品以及用户，还需要掌控数据量、数据质量、数据规模。牢牢掌握竞争关键因素，扩宽数据获取途径，为用户提供更加优质的服务，这样通信行业的竞争力才能更强。

第三节　人工智能技术应用

人工智能是一门综合性很强的边缘科学，诞生于20世纪中期，由专家系统、模糊理论、人工神经网络和遗传算法四大方向构成。近年来，该技术得到了迅速的发展，其研究对象进一步延伸，扩展到了所谓的智能活动的外围过程，如听觉、视觉、语言识别及应用等，使人工智能的研究范围更全面，更接近于人脑。

专家系统。一类具有专门知识和经验的计算机智能程序系统，通过对人类专家的问题求解能力的建模，采用人工智能中的知识表示和知识推理技术来模拟通常由专家才能解决的复杂性问题，达到具有与专家同等解决问题能力的水平。其次，ES是人工智能技术中发展最早、应用最广泛的一种技术，它主要解决非结构化的问题，如故障诊断、报警处理、系统恢复、检修计划安排和规划设计等问题。

模糊理论。模糊理论是扎德（LA. Zadch）教授于1965年创立的模糊集合理论的数学基础上发展起来的，主要包括模糊集合理论、模糊逻辑、模糊推理和模糊控制等方面的内容；Fuzzy技术的发展大大增加了用智能方法进行识别聚类和分析时的有用信息，可以提高分析和识别的准确性，减少递归运算的次数，提高分析、识别及聚类的速度，在一定程度上解决了专家系统、模式识别的智能机器人中的一些问题。

人工神经网络。人工神经网络是20世纪80年代以来人工智能领域兴起的研究热点。比专家系统、模糊理论具有更高的水平，ANN是由大量处理单元互联组成的非线性、自适应信息处理系统，不仅能解决多维非线性问题，而且还能解决定性以及定量问题，是计算机与人工智能、非线性动力学、认知科学等相关专业的热点，是当今人工智能新技术，也是众多学科相互交叉的前沿学科。

最近十多年来，人工神经网络的研究工作不断深入，已经取得了很大的进展，除了具有专家系统、模糊理论所具有的推理能力外，还具有较强的形象思维能力、逻辑推理与归纳能力、分布式储存、联想记忆、并行处理和集体效应等一系列类似人脑作用机理的特点，并在模式识别、智能机器人、自动控制、预测估计、生物、医学、经济等诸多领域得到了广泛的应用，提高了人工智能的水平。

遗传算法。遗传算法是模拟达尔文生物进化论的自然选择和遗传学机理的生物进化过程的计算模型，是一种通过模拟自然进化过程搜索最优解的方法。它是由美国的霍兰德（J. Holland）教授 1975 年首先提出，其主要特点是直接对结构对象进行操作，不存在求导和函数连续性的限定；具有内在的隐蔽性和更好的全局寻优能力；采用概率化的寻优方法，能自动获取和指导优化的搜索空间，自适应地调整搜索方向，不需要确定的规则，可广泛地应用于组合优化、信号处理、机器学习、人工生命和自适应控制等领域，是目前有关智能计算中的关键技术之一。

石油工业领域所采集到的信息具有时间的非均质性、变异性、多样性和复杂性等特点，因而存在着大量不精确性、不确定性。对这些难题往往运用自然科学和技术科学的传统理论等方法很难对其处理与分析。AI 以其特有的分布处理、自组织、自学习、高度非线性和容错能力，大大弥补了油气工业领域中常规数值处理和分析方法的不足，因而在油气勘探和开采领域中得到了迅速的发展和广泛的应用。同时，随着石油行业人士对智能化油田、智能井、实时分析解释大量数据以实现工艺优化的热情和兴趣日益增长，对高效、稳定、耐用的智能工具的需求也大大增加。

近年来，AI技术已在石油工业的许多领域得以应用，常见热门应用领域是地质、开发、油气藏工程、油气开采和油气集输等。

一、人工智能技术在油气勘探中的应用

石油勘探开发领域涉及开放复杂巨系统问题，知识管理就显得极为重要。在油气勘探开发中，专家系统、遗传算法、人工神经网络技术作为人工智能的典型代表技术应用较为活跃，而人工神经网络技术在石油勘探开发领域应用最早，技术手段较为成熟，在油气勘探中主要应用有以下几个方面。

1.预测渗透率

石油地质勘探及开发中渗透率是较关键的参数，利用传统回归分析法，通过建立孔隙度和渗透率的相关关系式，用孔隙度的资料来精确预测渗透率是很困难的，这种方法的预测结果往往忽视了最大值和最小值。相反神经网络系统可以预测渗透率的精确变化。预测渗透率的孔隙度资料可来自测井资料和钻井岩芯。BP（Back Propagation）网络（采用BP算法的多层神经网络模型）对预测渗透率较为有效。首先使用孔隙度值作为输入层，渗透率值作为输出层。这些必须指出的是，输出层要包括样品的位置及计算点邻近上下的几十个孔隙度值，最终仅输出一个渗透率值；然后再移动所要计算渗透率的点位，同样输出坐标及该点上下相邻的几十个孔隙度值，然后再输出一个渗透率值，如此往复，便可得出孔隙度与渗透率的非线性对应关系。

2. 自动识别岩性

识别岩性可利用反向传播算法，这种方法对测井解译岩性较为有效。输入层为声波时差、电阻率、自然电位及自然伽玛曲线等测井曲线的特征值，隐层由 3~5 层组成，输出层为泥岩、砂岩及灰岩的期望值。在具体计算过程中，输入层及隐层的多少通常凭经验获得，并没有严格的规则可循。

神经网络经训练后，便将已知深度的测井曲线赋予相应的输入神经元，这些值通过网络到达输出层，之后输出层就能识别出测井曲线上的输入值代表的特定岩性。通过选取岩类及输出神经元，便可识别岩性。

这种方法优于传统的图形交会法和统计法。若采用 BP 和 SA（Simulate Annealing，模拟退火算法）算法相结合，则判别岩性的正确率比单独使用 BP 算法要高。该方法具有良好的识别能力，它不需要像统计法那样复杂精细的预处理，并且有较高的容错性、方便性及良好的适应性。

3. 进行地层对比

地层对比对研究岩性、岩相及油气横向连贯等研究有重要的意义。神经网络结合有序元素最佳匹配进行地层对比，可以克服各测井参数值的不规则给地层对比带来的不良影响，并可简化对比方法，降低工作量，从而达到提高地层对比的精确性。利用该方法对地层进行对比主要有以下几个步骤：特征提取、网络训练、提取复合曲线、计算自动分层、自动确定关联层、自动对比地层。这里须指出的是，在地层对比过程中可将神经网络同经验及数学地质的其他方法相结合进行综合对比分析。这些方法包括因子分析、马尔可夫链、最优分割法、聚类分析等。

4. 描述油气藏非均质性

含油气岩石的孔隙度、渗透率、油气水饱和度为油气藏的主要非均质性参数，而实验室测定、测井解释及统计方法为这些参数主要获取途径。神经网络的出现使这些参数的预测更加可靠准确。在实际应用中可以把深度、伽马射线、体积密度及深感应测线输入到神经网络中，经过神经网络的训练，可得到渗透率、孔隙度等参数的预测值。

人工神经网络在石油领域方面的不断发展完善，尤其是它能解决各种非线性问题，这为神经网络在石油勘探及开发等诸多方面的应用开辟了广阔的天地。

二、基于遗传算法的地层压力实时监测

在钻井工程中，地层压力是一项很重要的参数。根据地层压力的变化，合理选择钻井液密度有利于套管柱的合理设计以及钻进安全。实施欠平衡或平衡钻井技术有利于油气藏的保护和提高钻速。而在新探区参照地层压力选择井位对提高探井的成功率有重要意义。

在计算地层压力时一般以泥岩正常压实趋势线的变化为依据，为了克服这种方法的局限性，用遗传算法来直接计算地层压力。

遗传算法是模拟自然界生物进化过程与机制求解极值的一种自组织、自适应人工智能技术。它模拟了孟德尔和达尔文进化论的遗传变异理论，提供从智能生成过程的观点对生物智能的模拟，适合于非线性以及线性的任何类函数，具有可实现的并行计算行为，能解决任何实际问题，具有广泛的应用价值。研究者对遗传算法的基本操作，如选择、杂交（重组）和变异等，已提出了一些参考算法可供借鉴和使用，根据具体要解决的问题生成遗传算法使用的初始群体即可。用遗传操作来实现群体的进化，最后会得到使目标函数计算值满足给定误差要求的最优解。

三、压裂方案经济优化智能专家系统

常规压裂方案经济优化的一个突出问题是可供选择的压裂方案太少，实际上仅相当于求局部最优解而非全局最优解。另外，常规压裂方案经济优化方法还具有很大的局限性，如要求设计人员具有丰富的现场经验，以及熟练的裂缝模拟和油藏模拟软件的操作技能等。为此，蒋廷学、汪永利、丁云宏等设计了一种智能化的压裂设计专家系统，采用随机生成的办法，先随机生成几十个、上百个待选压裂方案，然后运用遗传算法的变异和杂交两种方法对诸多压裂方法进行优选，经过多代遗传变异后，最终可以形成依据经济净现值大小排序的压裂方案系列，进而从中选出最优方案。同时，智能专家系统考虑了油价和利率在特定范围内的随机波动，因而是一个符合实际的模型，经现场实验，取得了比常规压裂更好的效果。

第四节　区块链技术应用

一、区块链技术在公益众筹平台上的作用

（一）运行效率和交易性能提高

互联网的加入，使公益众筹平台的捐款数额得到持续且较快速度地增加，越来越多的用户会选择互联网的方式进行资金筹集和捐助，这给公益众筹平台

的计算效率带来了挑战"区块链是一个分布式共享账本，可以同时通过无数个节点进行信息的录入和传递，并且这些节点会按照公益众筹平台预设的运行规范和协议进行信息的生成和更新，在保证信息和数据畅通的同时，运行效率和交易性能也得到显著提升。

公益众筹平台、筹资方和募捐方在同一个智能合约下，可以简化公益项目的执行流程，比如善款的筹集和发放，善款流通的记录等，节省了监管成本，缩短了审查流程，使项目的发起和实施的效率得到显著的提升。

（二）建立各方信用关系

捐赠过程中可能会出现受捐方的骗捐问题和捐赠方的诈捐问题，前者通过伪造个人信息、身体状况、家庭情况等，骗取捐赠方的捐赠；后者则利用善款流通的不透明性以较小的成本骗取社会的称赞或者关注，但不捐赠或者少捐赠，区块链技术信息不可篡改的特点可以避免这一情形发生。

首先，通过身份认证信息系统验证受捐方和捐赠方的真实身份，永久记录且不可更改。如果发现某方的个人信息等有造假的情况，这个情况将永久记录在这方身上，拉入黑名单，此方将不能合法参与公益众筹的任何环节。区块链技术的这一特性，使得信息的造假面临巨大的信用风险和压力，从而将诈捐者排除在链之外，使资金流向更需要帮助的人。

（三）分布式建立公开透明可追溯的系统

区块链上所有节点的信息都是对全链其他节点开放的，随时可以对每笔捐助进行查询和追溯，在区块链上，用户可以查询每一位受捐者的个人信息、受捐进度、健康状况、钱款使用情况等，以及每一位捐助者的捐赠次数、捐赠额度、善款流向等。

如果公益众筹平台有一个明确的智能合约，区块链技术将捐赠的各个流程全部记录上链，利用区块链的分布式、信息溯源且不可篡改等特点，可以有效减少捐赠款项的用途和去处不明的情况，降低纠纷和提高效率。

二、轻松筹的区块链应用——阳光链

（一）阳光链简介

阳光链的全称是阳光公益联盟链，这是轻松筹首次将区块链运用到中国公益众筹领域。阳光链通过无数个节点使得各方的信息永久记录且不可篡改，受捐方可以按照公益众筹平台的要求进行资金的筹集，且在筹资完成后需要说明钱款的流向，捐赠方可以通过阳光链上的信息随时查询善款流向。

阳光链本质上是项目实施人、项目发起人、捐赠人和公益众筹平台的联盟链，只针对加入阳光链的群体，成为节点需要满足一定的要求，并且只有部分节点可以用来记账，别的节点起查询作用，但不能记账。阳光联盟链的节点为项目实施人（公益组织、医院和合作单位）及众筹平台，项目发起人和捐赠人并不参与记账，这和普通公众认知里的区块链技术有一点出入。阳光链上主要存储的是资金的使用情况，需要项目发起人在上面进行资金使用情况公示，然后捐赠人能够通过阳光链查询到资金的流向，进行善款溯源。

（二）阳光链的优势

基于区块链技术的特点，阳光链主要有以下四点优势：

1.阳光联盟链通过区块链技术有效地提高了运行效率和交易性能，在出现大病求助时，可以实现向所有接入节点发送信息的功能。

2.项目发起人筹款对象多样化，项目发起人通过项目发起，向所有节点发送项目信息，能够利用众筹平台迅速完成筹款，效率远高于传统的、单一的筹款方式。

3.项目完成后，项目发起人必须按要求在阳光链上公示善款的使用情况，众筹平台和公益组织参与记账，每一笔善款都有迹可循，因为信息无法篡改，善款流向具有较高的透明度，更容易获得社会大众的信任，降低骗捐的风险。

4.捐赠人也能在阳光链上查询捐款记录，并通过捐款获得信用爱心值，未捐赠人获得捐款的激励，捐赠人获得继续捐款的激励。

参考文献

[1] 杨秋红.高职院校计算机信息网络安全技术和安全防范策略 [J]. 网络安全技术与应用，2024(4)：97-99.

[2] 徐晔.基于web的养老机构信息管理系统的设计与实现 [J]. 家电维修，2024(4)：110-112.

[3] 吴小祥.大数据在信息管理系统的应用研究 [J]. 产业创新研究，2024(6)：85-87.

[4] 李静.基于计算机技术实现信息安全体系架构设计 [J]. 信息技术与信息化，2024(3)：188-191.

[5] 王礼迅，吴倩.地理信息数字化技术在土地管理中的发展路径探析 [J]. 南方农机，2024，55(6)：189-192.

[6] 尹春.计算机信息技术存储平台的开发及应用探析 [J]. 数字通信世界，2024(3)：136-138.

[7] 何强.面向用户需求的信息管理系统设计与实现 [J]. 电子技术，2024，53(2)：176-177.

[8] 肖贺耕，黄铮.浅析人工智能在数字营销领域的应用与发展趋势——基于 BP 神经网络的数字营销模型的构建与应用 [J]. 中国商论，2024(5)：111-114.

[9] 赵红波.大数据信息时代计算机科学技术的应用探析 [J]. 家电维修，

2024(3)：59-61.

[10] 代千峰.中职院校计算机信息网络安全技术和安全防范策略探讨 [J].网络安全和信息化，2024(3)：141-143.

[11] 童庆.计算机技术在通信网络系统中的应用 [J].电子技术，2024，53(2)：414-415.

[12] 李旭.大数据技术在计算机信息安全中的应用分析 [J].中国信息界，2024(1)：93-96.

[13] 安玲.计算机信息安全技术在校园网络的应用研究 [J].中国信息界，2024(1)：123-126.

[14] 孙会宁.信息技术视域下科普传播实践与思考 [J].国际公关，2024，(4)：151-153.

[15] 陈晓朋，许可欣，梁宇栋.人工智能促进数据中心绿色节能研究 [J].信息通信技术与政策，2024，50(2)：33-39.

[16] 赵特.测绘地理信息技术在土地调查监测中的应用 [J].智能城市，2024，10(2)：46-48.

[17] 于晓雯，徐雷.基于机器视觉的抓斗装车视觉秤系统研究与应用 [J].电子器件，2024，47(1)：151-156.

[18] 汪剑东.基于大数据技术的计算机网络安全措施分析 [J].电子技术，2024，53(2)：84-86.